黄砂と口蹄疫

—大気汚染物質と病原微生物—

真木太一 著

技報堂出版

まえがき

黄砂は，年によって多寡はあるが，毎年間違いなく発生し，中国から飛来する黄色い砂・土(シルト・粘土)であり，黄土高原の黄土(レス)とほぼ同じである．中国では，雨土，霾(ばい)，雨黄沙(雨は降るの意味)，韓国でも雨土等と呼ばれている．

日本では，黄砂は春の風物詩として捉えられているが，視程が悪くなり，洗濯物や窓を汚したりする程度と受け取られている．しかし，黄砂は思わぬ悪玉と善玉の特性を持つことがわかってきた．近年，空中微生物(エアロバイオロジー)の研究が発展しつつある中で，黄砂が重大な影響を及ぼすことが解明されつつある．この黄砂について，異なった角度から話を進めていきたいと思う．

本書では，最初に黄砂についてかなり詳しく，そして，大気汚染について簡単に解説する．まず，黄砂についての情報を十分得て，次に黄砂が運ぶとされる口蹄疫，最後に麦さび病，鳥インフルエンザについて記述する．すなわち，主として口蹄疫に関しては，幾分，異なった方面から見た科学的見解を含め，その発生から終息への経過とともに，その発生期間および今後の対応について筆者の思いを記述したい．

口蹄疫は，平成22(2010)年，春季に宮崎県で発生した．発生範囲は偶然にも県内だけであったが，牛・豚中心に約29万頭の殺処分の非常に悲惨な結果[例えば，橋田(2010)]を残して，2010年末にはおおむね外見上は解決したかに見えるが，後遺症は現在も継続し，多方面に及んでいる．しかし，その中で，2011年2月5日に清浄国に復帰したことは今後に希望が持てる状況にはある．

少々その経過を辿ると，筆者は，2000年の口蹄疫の発生原因を検討してきた背景から，今回2010年の口蹄疫が発生する直前，2009年頃から注視していた．実は，内閣府・日本学術会議会員(当時・農学委員会委員長)であった時に，報告「黄砂・越境大気汚染物質の地球規模循環の解明とその影響対策」を出すべく努力していた(真木ら，2010a)．その完成間近になって，中国新疆(2009年12月)，韓国(2010年1月)と相次いで口蹄疫が発生し，その報告書の中に記述されている口蹄疫に関し，日本学術会議から発出が認められた2月25日を待って，直ちに日本学術会議からの「報告」を持参して農林水産省，環境省に説明に上がるべく準備し，印刷したばかりの報告書を手渡して説明した際に，年末から年初めに掛けて中国，韓国で口蹄疫がはやっているとのことで，注意を喚起したところであった．

その直後に，必然的か偶然か，宮崎県で口蹄疫の疑いのある家畜が発生した．口蹄疫は遅ればせながら4月20日に確認されたが，蔓延に至った真っ只中で思ったことは，3月中旬に政府関係省に発生の可能性を伝えたのにもかかわらず，発生，蔓延したことは，非常に残念であり，忸怩たるものがあった．

しかし，発生してしまったものは，まあ仕方ないと五十歩引いたとしても，その後の蔓延には，無念さと腹立たしさが込み上げてきた記憶がある．その後，ある程度は諦めの境地に入っていたが，まずは，その最中（さなか）に企画し，日本学術会議の了承を得て2010年8月25日に日本学術会議主催の公開シンポジウム「口蹄疫発生の検証およびその行方と対策」を東京大学農学部1号館で開催し，約150名の参加者のもと熱っぽく口蹄疫の論議が交わされた．

その後，秋季，冬季に鳥インフルエンザが発生したこともあり，その話題と口蹄疫を冠した公開シンポジウムを筑波大で開催すべく，2011年3月22日に用意をしていたが，例の東日本大震災による筑波大の被害状況から開催が不可能となり，延期せざるを得なかった．その後，地震，津波，原発，風評被害へと話題が移ってしまい忘れられた状況ではあったが，ある程度落ち着いた6月8日に開催し，熱っぽい論議ができ，何とか義務を果たしたように思っていた．

そのうち，2011年7月4日は，昨年の口蹄疫が最後の発生日であったことをふと思い出し，かつ米国の独立記念日も重なり，口蹄疫の本を書こうと思い立った．その背景には，口蹄疫発生の伝搬経路の評価の不十分さと初動対応の拙（まず）さが目立ったことで，特に筆者が信じていることとあまりにもかけ離れていたため，侵入・伝播経路の，より真実に近い情報(可能性)を多くの国民に知って欲しい，また関係者に伝えておく必要があると思ってのことであった．

内容については本文を読んでいただくこととして，口蹄疫の後遺症はあまりにも大きく，現在もその負の影響は継続していることと，口蹄疫は今後とも発生の可能性があることを警告として伝え，次に進みたいと思う．

本書の出版に当たっては，多くの資料，文献を利用させていただいたことに対して関係者，および共同研究者，論文共著者に御礼申し上げるとともに，本書が多くの国民にとって，予防，防災，減災に何らかの役に立てば幸いであると思っている．

最後に本書の出版に際して，技報堂出版の小巻愼氏に大変お世話になったことに対して，心より感謝の意を表するものである．

2011年12月1日　　木々の葉が色づいた筑波大にて

真木　太一

目　次

4.7　黄砂に付着した口蹄疫ウイルス検出法　*86*

　4.8　2000 年の宮崎と北海道での口蹄疫の発生と伝播　*92*

　4.9　韓国での再発生と北朝鮮での発生　*94*

　4.10　口蹄疫侵入防止のための黄砂軽減対策　*95*

5 章　詳しい発生状況の考察－疫学調査中間とりまとめ－　*99*

　5.1　発生集中地（児湯地区）での口蹄疫の状況－発生初期の詳しい状況－　*101*

　5.2　発生集中地（児湯地区）以外の隔地での発生状況－発生初期えびの市での発生－　*117*

　5.3　発生中期の重要・注目地点での発生状況－宮崎県家畜改良事業団での発生－　*120*

　5.4　発生集中地（児湯地区）以外での発生状況－発生後期での発生－　*122*

　5.5　まとめ　*131*

6 章　口蹄疫の防疫対応・改善報告－口蹄疫対策検証委員会報告書－　*135*

　6.1　はじめに　*136*

　6.2　今回の防疫対応の問題点　*140*

　6.3　今後の改善方向　*150*

　6.4　おわりに　*159*

7 章　日本学術会議からの黄砂，大気汚染物質に関する報告，提言　*161*

　7.1　報告の要旨　*162*

　7.2　報告の結語　*165*

8 章　鳥インフルエンザの発生，蔓延について　*167*

9 章　2007 年の大分県，山口県での麦さび病の発生，伝染状況　*173*

おわりに　*177*

引用文献　*181*

あとがき　*189*

索　　引　*193*

はじめに

「まえがき」にも書いたように，まず黄砂について記述する．黄砂については，内閣府・日本学術会議第二部農学委員会風送大気物質問題分科会からの報告「黄砂・越境大気汚染物質の地球規模循環の解明とその影響対策」（真木ら，2010a）から相当部分にわたって内容を引用する．次に，口蹄疫の発生・蔓延について，さらには麦さび病，鳥インフルエンザについても記述する．

さて，宮崎の口蹄疫は，2010 年 3〜7 月に猛威を振るった．これは，2000 年に 92 年振りの宮崎と北海道での発生に続き 10 年振りであった．

その結果，29 万頭の牛・豚中心の大型家畜の殺処分で見掛け上は幕を下ろした形にはなったが，宮崎県の 8 月 10 日付け被害推定額は 5 年間で 2,350 億円（諫早湾干拓事業費 2,530 億円に近い）となり，長期的には経済的負担として 5,000 億円とも計り知れない負債を，宮崎県の畜産農家はもとより，日本国民が受けたことになり，世界的にも，人類全体にも決して小さい被害ではなかった．

さて，報告「黄砂・越境大気汚染物質の地球規模循環の解明とその影響対策」は 2010 年 2 月 25 日付けで発出された．黄砂の報告に関しては，黄砂シーズンの前でタイミングよく出せたと思っている．この報告書に基づき，3 月 16 日に農水省，3 月 23 日に環境省に出向き，行政担当の関係者に主として黄砂について解説した．

その中で，2009 年末から 2010 年始にかけて，中国，韓国で相次いで牛口蹄疫が発生したため注意を喚起したところであったが，情報は有効利用されず，また発生後の対応も不十分で，蔓延につながったと筆者は推測している．

その結果，日本は口蹄疫に対して約 10 年間清浄国であったが，ワクチンも使う結果となり，約 29 万頭の家畜の殺処分とともに，その認定を放棄せざるを得なかった．このことは非常に残念なことであった．

我が国の畜産史上最大の口蹄疫災害に対して，発生から約 8 ヶ月後の 11 月 24 日に，農林水産省・口蹄疫疫学調査チーム専門家による「口蹄疫の疫学調査に係る中間取りまとめ－侵入経路と伝播経路を中心に－」(疫学チーム，2010)とともに，同日付けで農林水産省主導の口蹄疫対策検証委員会による「口蹄疫対策検証委員会報告書」(検証委員会，2010)が公表された．

これらの報告書，特に疫学チームにおいては，現地での度重なるハードな調査によって完成されたもので，頭の下がる思いであり，苦労したであろう作業状況が目に浮かぶほどのまとまったものであると思っている．

しかし，大変残念なことではあるが，どちらの報告書も口蹄疫侵入経路は不明との報告結果であった．あれだけ，鳴り物入りで国，県ともに調査したにもかかわらず，その報告書の内容には歪みがあるように推測される．したがって，両報告書ともに幾分偏った調査報告になっていると言わざるを得ない状況にある．これらの問題については，詳しくは後述する．

2010 年 8 月 25 日に日本学術会議・公開シンポジウム（東京大学農学部一条ホール）（真木ら, 2010b；真木, 2011）で論議したこと，および幾つかの新聞紙上でニュースとして控えめに書いたとしても，重要な情報が紹介されたにもかかわらず，両報告書ともに侵入・伝播経路に関する「黄砂」原因説，黄砂付着ウイルスの「風」による輸送の記述を意識的に外したか，その理由は不明であるが,「黄砂」の文字は一度も記述されていない．また,「風」による伝播についても，意識して使用することを避けたか，きわめて少なく，「口蹄疫の疫学調査に係わる中間取りまとめ」（疫学チーム, 2010）に 1 回（2 字）のみである．

両報告書とも多分記述されていないと想像していたため，8 ヶ月間にわたって全文を読むことはなかったが，もしやとの期待で詳しく見てみたが，やはり「黄砂」は一字も見当たらなかった．それは無念であるとともに，落胆，諦観，不信感とともに，不可解であるとの評価を下さざるを得ないと思っている．英国での口蹄疫調査・予測には，ウイルスの専門家と気象の専門家でチームを構成して成果を上げている．日本の場合は如何なものかと危惧される．

さて，今回（2010 年）の口蹄疫は，アジアでの発生ウイルスと遺伝学的近縁種であり，ある経路で我が国に侵入したとされる．口蹄疫ウイルスは変異しやすく，多種動物に感染しやすい特徴があるため，過去の対策では十分対処できないこともある．したがって，常に有効な防疫体制を整備しておく必要がある．

なお，今回，国，県，マスコミ等では，口蹄疫は人間に感染しないとの情報を流して対策してきたが，科学的には，確率は低いが人間にも感染する（山内, 2010）．しかし，たとえ人に感染しても，症状は軽く，気づかないで治癒することも多く，この点においては人間には恐ろしい病気ではないが，少なくとも正確な情報は国民（農家，一般市民等）にも知らせておく必要がある．

1章
黄砂と越境大気汚染

1.1　黄砂と大気汚染物質

黄砂には春の風物詩的感覚がある．一方，年中行事のように春になると洗濯物を汚したり，自動車や住宅の窓ガラスを汚したりの厄介者の印象があるが，逆に有益な現象も見られる．そして，後述するように思わぬ影響があることが解明されてきた．以降，詳しく解説していく．

近年，地球規模で広範囲な環境問題が重大な問題となっている．最近，中国，モンゴルで黄砂が多く発生し，特に2000～2002年の3年連続の急激な黄砂の増加は，非常に驚くべき現象であった(**図-1.1**)．4年目の2003年はどうなるかと危惧されたが，実際は大きく減少して平年並みとなった．しかし，2004～2007，2009～2011年においても1971～2000年の30年平均から見ると高い数値を示している．2003，2008年は近年としては少なく，2009年はやや少ない．その中で，2009年10月19日に長崎，福岡等で黄砂が観測されたが，これは1992年の那覇での観測以来，10月としては17年振りの観測であった．また，2010年は11，12月の秋季，冬季に非常に多く，年間の25%に達し，過去の観測50年間で初めての希有な記録を示した．

一方，近年では中国から大気汚染物質の日本への輸送が懸念されている．中国では大気汚染が激しく，大都市ではもちろんのこと，中小都市でも重大な問題である．北京オリンピックで相当改善されたとはいえ，まだまだの感がある．黄砂と大気汚染物質の変質の評価，それら物質の相互化学反応を考慮した問題点の把握は，きわめて重要である．

黄砂や大気汚染物質は，地球規模で輸送，拡散することを認識する必要がある．中国，モンゴルの発生源からの黄砂は，偏西風に乗って日本，太平洋を越えて，大気大循環として地球規模で回遊する．最近，その地球一周の期間は12〜13日であるとのシミュレーション結果がある(鵜野，2009)．

一方，世界最大のサハラ沙漠の紅砂(中国の黄砂より赤みが強いため紅砂と呼ぶ)の多くは，アフリカ西部海岸から一度，大西洋に出てから北上しヨーロッパへのコースを取り，地球を周遊する．また，湾岸戦争の時，クウェートとイラクで燃やされた油井の黒い油煙が中央アジアから中国を経て，日本に達した観測事実もあった．

黄砂は，中国の中・北部域が発生源である．中国では，その「黄砂」という用語の使用を嫌い「アジアダスト」と呼ぶ場合もあるが，自国の発生は他国，あるいは地球全体に影響を及ぼす一方，他国からの砂，ダスト(浮遊塵埃)によって影響，被害を受けることもあることの認識を新たにする必要がある．このことを，自然科学者はもとより，人文科学者，行政・政治担当者も認識する必要がある．

日・中・韓・蒙の科学者・行政者レベルで会合が持たれるようになった．それは喜ばしく，大いに期待したいが，果たしてその成果は如何なるものであろうか．実質的には不明である．もっと踏み込んだ観測，論議，調整を行う必要があり，必要かつ重要な情報を多方面から収集する，さらなる対応策が使命であるように感じられる．

さらに，黄砂には，黄砂付着病原菌として，家畜の口蹄疫，豚コレラ，麦さび病等が疑われている．これらに対しても，中国は自国からの発生よりも，他国，例えば，イラン，アフガニスタン，モンゴル，ロシア等からの輸送，移動である可能性も高いことを認識し，その事実を知る必要がある．なお，ヨーロッパの口蹄疫発生から中近東を経由する，しないにかかわらず，中国，韓国，日本での発生が疑われるが，明確には確認できていない．これらは重要な喫緊の課題として，地球規模で解明する必要がある．

さて，新型，さらに新型の豚・鳥インフルエンザが発生し，感染が拡大して混乱を来したことがあったが，特に口蹄疫，鳥インフルエンザの問題も含めて早急に解明する必要がある．黄砂による輸送が懸念されることを科学者，行政者，政治家も是非とも認識し，緊急の重大問題として対応する必要があると強く思っている．そして，これら病原菌の同定にはDNA鑑定技術が有効であるが，さらに短時間で大量に判定できる技術確立が必要である．

中国，モンゴル等は黄砂関連病原菌の情報をもっと早く開示し，国際協力に寄与する必要があると思われる．このような病原菌(黄砂付着病原菌)，およびそれらに関する情報は多くの国々にとって必要不可欠であり，特に情報の共有が有益である．しかし，国際間になるとなかなか理想的には進まない微妙な問題があるため，常日頃から協調的に対応する必要があると思われる．

もう一つ重要なことは，中国，韓国の工業地域および一般家庭から発生した大気汚染物質は黄砂に付着するし，また，化学反応によって変質した固体物質，ガス状物質の輸送も疑われている．例えば，最近，東シナ海，五島列島，九州北西部上空で光化学オキシダントが観測された．関連性は想像されるが，まだ実際は，どこで発生し，どこから飛来した黄砂か，またどの時期，どの地点からの変質した大気汚染物質かは確実には特定されていない．これらは早急に解明すべき現象であり，重大関心事である．

現在のように科学が発展した中，まだこの程度のことも解明されていないのかと，逆に驚きを禁じ得ない．科学者として責任を感じるとともに，行政者，為政者への責任が問われる可能性があり，常日頃よりその認識が必要である．

黄砂と大気汚染物質に関する背景と現状として，日本あるいは世界の環境，産業，人間生活に及ぼす黄砂や越境大気汚染物質（風送大気物質）の影響程度を評価・解明し，早期対策に向けて早急に対応できるように問題解決法の課題提示を行いたい．

沙漠や乾燥農業・牧畜業地域から放出される黄砂は，農業，工業はもとより，地球環境から日常生活に対しても，非常に広範囲な方面に影響や被害を及ぼしている．一方，黄砂には，大気汚染による酸性化を中和する作用，および海洋の貧栄養化緩和と栄養塩供給等，幾つかの有効性，効果も認められている．

これらプラスマイナス両面の現象を解明するとともに，特に中国，韓国，日本の工場地域から排出される大気汚染物質・ガスに起因する越境大気物質・ガスによる広範囲な影響程度，および黄砂と大気汚染物質の複合的な影響程度の評価手法を開発する必要がある．また，国内および国外への輸送の特性を把握するとともに，さらなる国外への多方面の影響に関する情報を収集し，最終的には新規性のある対策を重点的に実施する目的で，黄砂，越境大気汚染物質の問題解決を図る必要がある．

なお，本節は真木ら(2010a)を参考しているが，以下では主として，その中の黄砂について記述する．

1.2　黄砂の特徴とその影響

1.2.1　黄砂の歴史的背景

黄砂は，地球の歴史上，古くタクラマカン沙漠が形成された太古の時代からあった．タクラマカン沙漠からの黄砂は，砂面から巻き上げられて飛砂となって輸送され，まず現在の中国中東部の黄土高原に 200～300 m の堆積を造ったとされる．そして，日本への黄砂は，タクラマカン沙漠とゴビ沙漠，および黄土高原から補給されて輸送され，やがて落下して，九州においては黄砂の堆積が数 m に達するとされる．また，沖縄でも赤土の多くは黄砂由来であるとも推定されている．

黄砂の記録は，さすが中国では紀元前からあり，雨土，雨砂(沙)，黄霧，霾(ばい)等の用語がある(名古屋大, 1991；成瀬, 2007；岩坂ら, 2009)．韓国では中国に近いためか，2 世紀からあり，雨土が多い．日本では 8 世紀からあり，赤雪，紅雪が多く，黄砂の用語は 1906 年からである(岩坂ら, 2009). これらの情報はおおむね正しいと推測されるが, それらの情報をさらに正確にするには, 一層の歴史的研究が必要であろう.

1.2.2　黄砂の特徴

黄砂の直接的被害は, 1993年5月の中国における黄砂(砂塵嵐)による死者85人, 負傷者264人, 37.3万haの農作物被害, 12万頭の家畜被害, 農地被害, 人間の健康影響の事例(黄砂問題研究会報告書, 環境省HP, 2005)や2001年には連続1週間の北京空港閉鎖の被害事例が顕著である. 韓国では, 2002年3月の黄砂は, 社会経済面に甚大な被害を及ぼし, 学校の休校, 航空機の欠航, 精密機

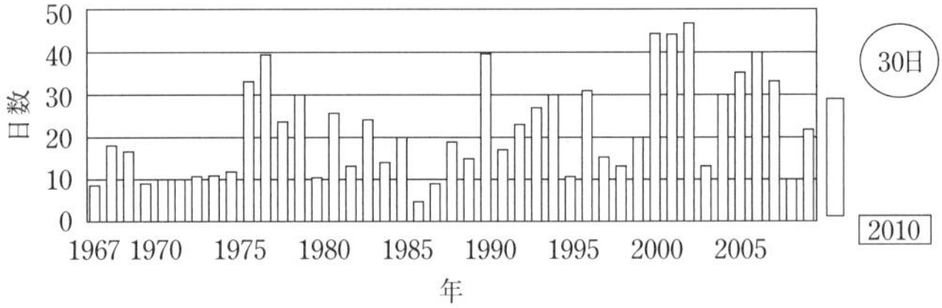

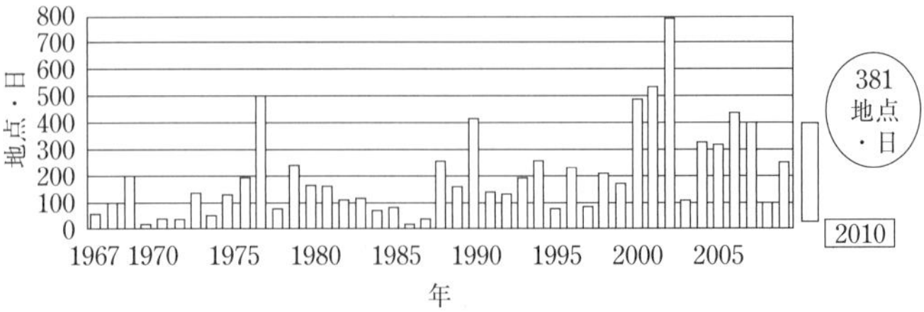

図-1.1　(上)年別黄砂観測日数, (下)年別黄砂観測延べ日数(気象庁)(2010年5月31日現在, 黄砂観測地点数は67地点)

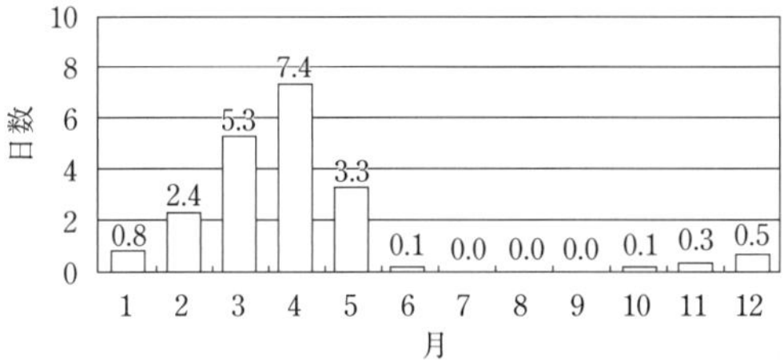

図-1.2 月別黄砂観測日数平年値(気象庁)(2009年12月31日までの平年値)(国内67地点)

器工場の操業停止，病院では呼吸器科・皮膚科・眼科患者の急増があり，健康影響被害は年364億円との推計がある．なお，韓国，日本の黄砂被害は，中国の被害の質，程度とは大きく異なり，強風害は少ない．

日本における黄砂には，多くが悪いイメージで，デメリットとして視程障害，機械軸受けの摩耗，精密機器への障害，目詰まり，遮光害，埃害，洗濯物の汚染等多々ある．一方，メリットとしては，①魚類の餌となる植物プランクトン増殖への微量要素(Fe，K，Ca等の栄養塩)の供給効果と食物連鎖の一環としての効用が挙げられる。②中国の黄砂はアルカリ性であり，大気汚染物質は多くは酸性であるため，それらを中和させる作用があり，風上側の亜硫酸ガス等による酸性雨の強度が減少し，その影響は緩和され，思わぬ利点がある．

ここで，黄砂の観測日数と延べ日数を**図-1.1**(気象庁)に示した．図のように，近年の黄砂の増加傾向が明白である．次に月別の黄砂の発生状況を**図-1.2**(気象庁)に示す．図のように日本では3〜5月の多くが黄砂シーズンであるが，2009，2010年のように秋季，冬

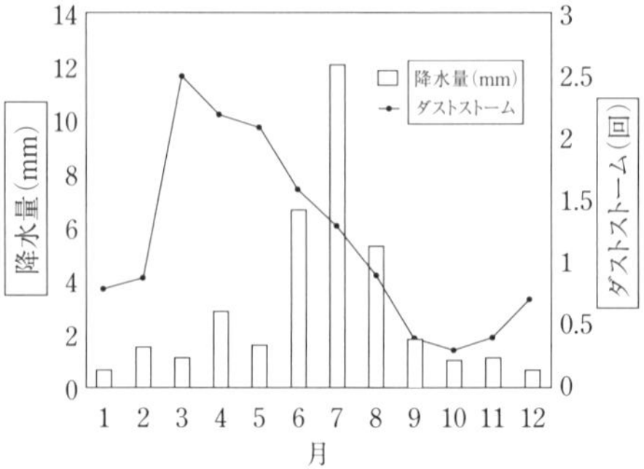

図–1.3 敦煌のダストストーム(砂嵐)の発生回数と月別降水量(Du *et al*., 2002)

季にもある程度発生する.

また,敦煌(中国)での月別の黄砂発生頻度と降水量分布を**図–1.3**(Du *et al*., 2002; 真木,杜, 2009;杜,真木, 2009)に示すとおり,敦煌でも黄砂発生期間は2~6月で,そのうち3~5月に黄砂の発生が多く,6月にもかなり発生しており,変化形態は日本と類似しているが,幾分異なることがわかる.また,敦煌の月別降水量から夏雨型降水分布がよくわかる.

1.2.3 黄砂と紅砂の地球規模の循環

黄砂は中国,モンゴルから飛来するが,その状況は,人工衛星からの画像の**図–1.4**で明らかに確認できる.非常に見事な画像であるためパーフェクト・ダストストーム(完璧な砂嵐)と呼ばれている.

まず,黄砂は地球規模で輸送,拡散することを知る必要がある.発生源が中国であることとは別に,黄砂は大気,空気が偏西風に乗り,太平洋を越えて大気大循環としてグローバルに回遊することである.黄砂は,日本上空を通過して,はるか太平洋上のハワイ付近を越え,さらに太平洋を越えてアメリカ,カナダへと輸送される.そして,大西洋を越えてヨーロッパへと輸送され,やがて中央アジアを経て中国,日本に還ってくる地球一周の循環を知る必要がある.

その一周の期間が前述のとおり12〜13日であると報告されている(鵜野, 2009).

一方，世界最大のサハラ沙漠の紅砂(中国の黄砂と区別)は，

① 多くは，アフリカ西部海岸から一度，大西洋に出てから北上し，ヨーロッパへのコースを取る.

そして，

② ヨーロッパに北上した一部は東風に乗り，北アメリカ大陸に向くコースも取る.

また，

③ 一部は直接北上して地中海を越えてイタリア，ギリシャ等のヨーロッパへのコースを取ることもある.

さらには，

④ 偏西風に乗ってアラビア半島の方向に流れ，そこから新たに砂塵を補給することもあり，大陸上またはインド洋に流れ東南アジアへのコースを取る場合もある.

つまり，いずれにしても地球規模で回遊することになる(**図–4.3, 4.4** 参照).

これらの輸送現象は，旧ソ連のチェルノブイリ原子力発電所の爆発で，その放射能が東回りと西回りによって実際に北アメリカ大陸には10日〜2週間で到達した事例からも明白である．また，湾岸戦争の時，クウェートとイラクで燃やされた油井の黒い油煙の一部は中央アジアから中国を経て，日本に達した観測事例が現実にあった.

アメリカ大陸での黄砂飛来は，最近やっと，1998年4月に北アメリカ大陸で初めて科学的黄砂観測が成功し，明らかになった．ま

た，2001年4月にも大規模な黄砂輸送が観測された．その結果，現地で発生したエーロゾルと黄砂が混合し，健康に影響が出る恐れのあるレベルのPM10（粒径10μmのエーロゾルを50%カットすると規定した場合の浮遊粉塵）濃度まで上昇したとされる（岩坂ら，2009）．このように，1万kmも離れた黄砂の長距離輸送は重大な問題であり，今後とも地球規模での黄砂移動を監視する必要があり，観測とシミュレーション評価が不可欠である．

黄砂は，後述する地球規模の陸海上の生物への影響はもとより，長期的には土壌や海洋沈殿物の生成にも関連すると推測される．したがって，地球規模での黄砂による放射，雲生成等の気象学的課題，黄砂の物理・鉱物的課題，微生物・植物プランクトンの生物学的課題，酸性化・沈殿等の化学的課題まで，きわめて広範囲に関連するため，総合的，包括的な研究が必要である．

黄砂は低気圧の活動に伴って発生するが，黄砂と大気汚染，森林火災の煙等も混合することがある．

1.2.4　黄砂の発生地域と陸上輸送中の特徴

a. 黄砂の発生・輸送の特徴　　黄砂（**図-1.4，1.5**）は，発生・輸送地域の気象，地勢・地質，土地利用等の複合的な要因によるものであり，発生メカニズムに関する研究が進められている．一方，具体的な発生源の特定，土壌中の水分，風速等の舞い上がりを規定する係数・数値等が確定され，黄砂発生の年変動や長期的な傾向も正確に評価・予測できつつある．

このような状況から，黄砂の科学的解明のためには，発生地域および輸送ルートにおける大気，地表，植生，人間活動等に関する科学的モニタリングデータの蓄積が重要である. 黄砂は, エルニーニョ(ペルー沖の海水温上昇)年では発生が少なく, 逆のラニーニャ年では多い解析例がある. また, 近年の地球科学の進展に伴い, 黄砂やダスト(自然起源の浮遊塵埃)は地球規模の循環系の重要な因子であるため, 変化過程と定量的評価, 高精度のデータ収集・解析が進んでいる.

b. タクラマカン沙漠での黄砂発生状況　タリム盆地の砂沙漠, タクラマカン沙漠の主なダスト発生域は, 東部から中央部であり, 浮遊ダストは, 南部から中央部で多く発生する. 東部はダスト発生(強・弱ダスト, ダストストームを含む)が頻繁であるが, 浮遊ダストは少なく, 北部はダスト発生, 浮遊ダストともに少ない(Kurosaki & Mikami, 2002). タクラマカン沙漠とゴビ沙漠での黄砂発生は3

図-1.4　パーフェクト・ダストストーム(TOMS 人工衛星画像, 2001年4月7日, NOAA)

図-1.5　(左上)黄砂発生源地域での飛砂(中国・トルファン),(左下)砂丘移動で埋まる樹木(沙拐棗)(中国・トルファン),(右上)九州大学農学部4号館屋上からの黄砂(西方向の視程)(福岡),(右下)九州大学屋上からの黄砂(霞んで見える着陸直前の飛行機)(福岡)

～5月に多く，強風頻度とダスト頻度は類似している．タクラマカン沙漠では浮遊ダストの発生頻度が高く，夏季にも発生するが，ゴビ沙漠では少ない．ゴビ沙漠では11月に強風頻度とダスト発生の小さいピークがあるが，タクラマカン沙漠では見られない(Kurosaki & Mikami, 2005；黒崎, 2009)．

最近の研究から考察すると，崑崙山脈北斜面では日中に山地の中腹の気温が上昇しやすく，山谷風の谷風がタクラマカン沙漠，タリム盆地の低平地から吹き上げ，それに伴いダストが巻き上げられる．また，日中の沙漠表面の加熱によって頻繁に発生する塵旋風(つむじ風，ダストデビル）でダストを巻き上げる．さらには，タリム盆地東部域下層の偏東風により広大なタリム盆地，タクラマカン沙漠の大気中に浮遊ダストが増加する．平均 5,000 m の崑崙山脈並の高度に達したダストは，次第に上空の偏西風に乗って敦煌付近を経由して輸送され，日本への黄砂に定常的に影響すると推測されている．

c. タクラマカン沙漠と敦煌での黄砂の舞い上がり　黄砂の巻き上げ，舞い上がり状況から，飛砂発生量は，地表面の土壌粒径分布の差によって砂沙漠よりも砂礫沙漠の方がはるかに多いことと，粒径別飛砂量は下層で多く上層で少ない垂直分布特性が観測された（Du *et al.*, 2002；Mikami *et al.*, 2005）．

また，敦煌では上述と同様の飛砂垂直分布を観測するとともに，春季の乾燥期にはオアシス，農地の方が砂沙漠やゴビ沙漠よりも舞い上がりが多い現象が観測された（Du *et al.*, 2002；真木，杜，2009；杜，真木，2009；NHK 報道）．これは，春季にワタ栽培用の耕耘した農地や農道から微細な粘土，砂粒子が多く飛びやすいため舞い上がりが多くなること，また，落葉したポプラ防風林内では若干の減風と日射のため気温上昇が起こりやすく，上昇気流や塵旋風で頻度的にオアシスからの土，砂の舞い上がりが多くなる．もちろん，暴風時には砂沙漠の方が激しいが，一般的に弱い（バックグラウンド）黄砂の寄与は相当高いことが確認できた（真木，2003）．

d. バックグランド黄砂　バックグランド黄砂は，ライダー観測から，自由対流圏，特に 4〜6 km で多く観測され，厚さ 1〜3 km で 0.5〜3 日間継続する．発生地域は，後方流跡線解析（到達点から発生点の逆算定）によると，タクラマカン沙漠での低気圧性活動による発生とは別で，春季に限らない．タクラマカン沙漠上空での推測では1日当り30～68 t/km^{2}で，日本の10倍量に相当する(Iwasaka *et al.*, 2008)．バックグランド黄砂の春季間の積算値は，アジア太平洋域では低気圧性活動による大規模な黄砂(巨大な砂塵嵐. 例えば, **図-1.4**)に匹敵するとされる(Matsuki *et al.*, 2002)．

バックグラウンド黄砂に関して，タクラマカン沙漠での上空への巻き上げには，崑崙山脈北斜面で毎日のように吹く前述の谷風や塵旋風の関与が大きいと推測される．

e. タクラマカン沙漠でのダスト特性評価　中国西部に位置するタリム盆地は，三方が天山山脈，パミール高原，崑崙山脈で囲まれ，東側が幾分低く大気の出口となるが，大部分がタクラマカン沙漠で占められ，閉鎖系である．最近,「風送ダストの大気中への供給量評価と気候への影響に関する研究(ADEC)」(Mikami *et al.*, 2006)で多くの現象の観測が報告された．ダストの粒径，組成分布の精度上の問題で，ダストの直接測定量とライダーによる消散係数の垂直分布は比較できなかったが，ダストによる消散係数と質量濃度の関係が得られれば，ダストの空間分布を人工衛星で推定可能となった．

最近，衛星搭載ライダーから世界の消散係数垂直分布が利用可能となり，エーロゾルカラム(気柱内の浮遊微粒子)量が求められた結果, タクラマカン沙漠のダスト総量は，ダストストーム時で744 Gg［ギガ(10^9)グラム］，バックグランド黄砂時で200 Gg，4月の平均で320 Ggと算定された(甲斐, 2009a)．この成果は気候影響研究に応用でき，その発展が期待される．

1.2.5　黄砂の予報と対策

a. 黄砂の予報・警報　暴風時の大規模ダストストームについて，

ダスト予測モデルでタクラマカン沙漠から日本へのアフリカ・中近東起源のダスト輸送状況を再現した結果，5割は北アフリカ起源，3割が中東起源であり，アフリカ起源のダストが自由大気上層部を移動する可能性が示唆された(Tanaka *et al.*, 2005；田中, 2009)．このことからも，アフリカの紅砂の挙動とそれに伴う病原菌輸送の影響が懸念される．

黄砂発生・輸送過程は複雑であり，モデルの精度は十分でなかった(Uno *et al.*, 2006)が，その後改良されている(鵜野, 2009)．一方，気象庁，環境省の黄砂予測でも，土壌水分による地表面の乾燥や粗度(地表面の凹凸)やバックグラウンド黄砂は必ずしも精度が高くない．ダストとエーロゾルによる放射への影響は天気予報にも関連するが，人工衛星，ライダー，放射計等の観測データと照合し，黄砂発生情報の数値予報モデルには高精度化を要する．現在，日本，中国，韓国の気象部門が黄砂予報をしているが，的確な予報・警報の早期発令には，飛来する黄砂を現地発生直前・直後から監視した移動予測が必要である．

国際連携のライダー観測では，機器の設置に加え観測データの共有化が重要で，リアルタイムデータを予報に利用し，国際的な高精度データ共有が必要である(環境省, 2005)．ライダー観測は数地点のため面的・空間的情報に弱いが，衛星画像，気象官署データ，数値シミュレーション等で予測精度を高めれば，黄砂発生予測と黄砂の防止対策が可能である．

b. 発生源地域の対策　　黄砂の防止には，一般的な意味での緑化が有効である．防風林，防砂林，防護林や草方格による沙漠化防止(真木, 1987, 2000)，防風施設による砂移動防止や自然保護区設定による植生回復には，土地条件の適合性が重要である．また，過放牧防止，耕作制限，生産活動制限には，その場の社会経済的影響を検討する必要がある．

なお，乾燥地，沙漠での有望な緑化法には，新しい液体炭酸人工降雨法（真木ら，2008，2011b）の導入が期待される．

黄砂は強風が土壌粒子を巻き上げる現象である．土壌粒径分布，土壌水分，植生分布，積雪，凍土，土地利用の地表面状態が関与する臨界始動風速（土壌粒子が舞い上がり始める風速）が重要であり，地上風速と地表面状態の黄砂発生への寄与率が課題である．地域，季節，年ごとに地表面状態は変化するため，地表面状態と臨界風速の解明も重要である．黄砂対策には期待される効果を予測し，費用対効果を検討した対策法が重要である．

1.2.6　黄砂に関する最近の国際的動向

a. 黄砂問題の国際プロジェクト　黄砂の2000年以降の急増に対応すべく，中国，韓国，モンゴル，日本で多くのプロジェクトが推進され，精力的に対応している．環境省で2002年12月に「黄砂問題検討会」が設置され，その活動報告がある（環境省，2005）．

「黄砂問題への取り組みに向けた計画案」として，黄砂対策は長期的に取り組む課題であり，確実な実施体制の構築と資金を確保する必要があるとしている．そして，日中韓蒙4ヶ国，国際機関，二国間援助機関，研究機関，民間団体が黄砂問題に取り組んでおり，その全体を把握して重複を避け，利用可能な資源を有効活用し，費用対効果に基づき確実に実施する必要があるとしている．また，日本は黄砂対策を精査し，国際分業，共同作業の可能性も考慮した今後の計画を提示している．黄砂問題解決には，科学的知見の蓄積や施策の実施状況を踏まえモニタリング，早期警報，黄砂発生対策の在り方を検討し，4ヶ国，国際機関と協力して実施する必要があるとし，単独実施でなく，相互に結合させて対策効果の最大化を図るとしている．

2005年9月に「黄砂問題検討会報告書」(環境省HP, 2005)が公表された．2003年1月より国連環境計画(UNEP)，国連アジア太平洋経済社会委員会(UNESCAP)，国連砂漠化対処条約事務局(UNCCD)，アジア開発銀行(ADB)の4機関と日中韓蒙4ヶ国によるADB–地球環境黄砂対策共同プロジェクトが実施され，次の報告書(3巻)が公表された．

・黄砂の防止と抑制に関する地域協力のためのマスタープラン，
・黄砂の地域モニタリング及び早期警報ネットワークの確立，
・実証プロジェクトを通しての黄砂の防止と抑制に関する投資戦略．

中国の黄砂(砂塵嵐)害による直接的損失は年6,500億円，韓国では中国と質が異なるが，黄砂害は年364億円の推定に対して，日本では被害評価額は出されていない．

b. 黄砂対策の国内外の体制と基盤整備　黄砂の国内外の対応として，

① 2005年より黄砂対策に関する関係省庁会議が設置・活動し，日中韓蒙4ヶ国環境大臣会合で黄砂問題を論議して様々な既設の枠組みで論議を深める．

② 人的交流，能力向上が必要で，4ヶ国間での人的資源の質量を整え調査，研究に活かす．特に，黄砂発生地域住民，地方公共団体の技術者に基礎知識の修得，普及を図る．

③　未解明な黄砂現象の調査，研究を推進し，資金を確保する．黄砂対策の直接・間接的効果を定量的に把握するのは困難であるが，黄砂対策資金の透明性のある管理，追跡を行う．黄砂モニタリングの推進とデータの共有の推進，黄砂発生源地域における黄砂発生抑制・対策が必要である．優良事例を整理し，各国でデータを共有する．黄砂モニタリングの効果向上には黄砂被害軽減に利用，例えば，黄砂付着飛来物質や大陸内の黄砂発生輸送状況の情報提供を推進する．

④　国内外の連携，協力体制を構築する．東アジア酸性雨モニタリング地球観測ネットワーク，砂漠化対処条約によるテーマ別ネットワーク等との連携を図り，相補的，非重複的に推進する．

⑤　黄砂と社会経済への影響の評価として，発生源や影響地域での一次・二次的影響を評価する．修復費用の農業生産活動，経済活動への影響や関連性を評価する．

以上のとおり，4ヶ国の環境大臣による国際会議が開催され，おおむね順調な推進状況は好ましいが，十分でないのが実状であり，国際・国内共同研究の積極的推進，黄砂被害・影響の統計的資料整備を国内・国際機関で実施する必要がある．

c. 多様な黄砂防止対策の推進　上記以外に，大学，試験研究機関，民間等が黄砂防止に取り組んでいるが，総合評価としては，黄砂は治まっておらず，むしろ増加気味に継続している．最近の中国での対策，特に植林，植生回復等で成果はあるが，明らかな黄砂軽減は見られない．したがって，対策の問題点や今後の推進方向性を精査すると，黄砂対策は多様であるべきで，単一方法では解決できないと思っている．地域，時期に適った対策を選ぶべきである．

また，黄砂問題は自然科学系のみならず，人文社会科学系問題とも密接に関連するため，広範囲に多方面から研究推進する必要がある．

従来の沙漠化防止対策，農業開発等では，大掛かりであればあるほどアフリカ，アジア等で失敗事例が多く見られる．精査は重要で，多様な意見を聞く必要がある．すなわち，一課題・一手法のみへの集中は危険性を伴う．生物多様性とは意味が異なるが，こと黄砂防止に限っては相当の多様性があるべきで，今後検討を要する実質的な課題である．

d. 黄砂関連データの収集問題　中国の気象データ等の取得は，北京オリンピックを契機に非常に厳しくなり，国家機密扱いで過剰対応であると感じられる．また，動植物，微生物の遺伝資源保持でも厳しい状況である．防疫上の審査が非常に厳格，煩雑な国際間の問題がある中でも黄砂防止の研究目的の砂，土，植物等は，例えば，中国，モンゴルからの持出しと日本国内への持込み手続きの簡素化，短期化が必要であり，処理対応窓口の設置が必要である．黄砂予報に限っては，気象庁，環境省中心であるが，さらに情報収集，改良が必要であり，多くの国民，行政・研究者の意見を聴取する必要がある．

1.3 黄砂と大気汚染との関係

1.3.1 大気汚染の特徴

大気汚染物質は，黄砂に化学反応を起こすが，中国大陸上での反応，海上輸送中の反応ともに定性的評価で定量的データは少ない．幸い，黄砂の方は砂漠化機構(ADEC)研究(三上, 2007；甲斐, 2009b)を契機にかなりの情報が蓄積されつつあるが，黄砂と大気汚染の反応では重要な未確認反応も推測されるため，基礎的観測・調査ともに中国陸上や東シナ海，日本海上での立体観測による物理・化学反応の解明が重要である．

1.3.2　大気汚染の黄砂への影響

a. 発生源から輸送中における黄砂の変質　黄砂の化学的組成は，全粒子濃度基準でAlが5〜7%含まれ，基本粒子成分(Ma，P，K，Ca，Ti，Cr，Mn，Fe，Sr，Y，Ba)のAl相対濃度比は約2倍の差である．飛来黄砂の中央粒径は3〜5μmで，基本成分組成はほぼ一定で，石英，長石，粘度鉱物，カルサイトが特徴的鉱物である．Al相対濃度比が5倍差の成分(NO_3^-，SO_4^{2-}，Cu，Zn，Pb)では，発生源の粒子含有量を超える量が輸送中に大気汚染物質，海洋等から付加される(岩坂ら, 2009)．混合した飛来黄砂の発生場所の同定にSr同位体・主成分・鉱物組成比法から黄砂の化学組成の基準化が可能である．

また，黄砂と越境大気汚染物質との区別には，SPM(浮遊粒子状物質)とPM2.5(粒径2.5μmエーロゾル50%カットの浮遊粉塵濃度)の自動観測体制の強化，および黄砂粒子の氷晶核(雪，雨のもとになる微粒子)としての雲物理反応の機能評価，レインアウト(雲内洗浄)，ウオッシュアウト(雲底下洗浄)作用の評価，pH(酸性度)の影響評価等が必要である．なお，黄砂の中和作用は定性的であり，定量的数値は少ない．酸性度は，春季には12%減少し，そのうちの大気中と地表面の効果比は 13：87（川村，原，2006）である．日本での黄砂の沈着量（堆積速度）は年当り 1～10 g/m^2（吉永，1998），中国・北京では 180 g/m^2（Nishikawa *et al*., 2002）である．

b. 黄砂の大陸輸送時の大気汚染物質による変質　黄砂は日本に飛来する際，大気汚染の大都市上空を通過するため，中国東部域での大気汚染による黄砂変質現象の解明が重要となる．黄砂粒子は酸性ガス，水蒸気，エーロゾル粒子と混合し，物理的変質，性状（粒子の形状，粒径，吸湿性，光学特性）変化と化学的変質，性状（粒子，ガス状物質の合体や化学反応特性）変化を起こす．硫黄酸化物（SO_x）や窒素酸化物（NO_x）の合体による硫酸塩や硝酸塩の生成は明らかであるが，その過程での黄砂による放射，雲物理反応，生物的・病害的影響等は不明である．

なお，北京オリンピックに関連して興味深いことがある．2006～2008 年，福岡で黄砂粒子と大気汚染物質に未確認粒子が相当の比率で観測[守田治氏からの問合せ]された．筆者は，北京オリンピックによる一大開発で発生した地表面を掘り返して飛散した土壌粒子である可能性が非常に高いことをコメントした（Miyamoto *et al*., 2010）．このことは，筑波学園都市が建設された 1980 年頃の大開発による関東ロームの飛散による黄塵万丈となる現象に類似していることが推測されるが，遠く離れた中国から比較的大きい土壌粒子が飛来することに驚きを感じる．

1.3.3　黄砂の太陽光，水蒸気，塩分による変質

a. 黄砂の海上輸送時の光化学的変質　黄砂は大気汚染の大都市上空や高湿度の海洋上空を通過するため，中国東部域と東シナ海，

日本海上での黄砂変質現象が重要となる．最近，長崎の五島列島，熊本の天草，北九州等で晩春期に光化学オキシダントの発生があり，今後共その影響の拡大予測が高いため，データ収集と発生域の特定が不可欠である．これには，中国本土，朝鮮半島，東シナ海，日本海上空での大気汚染物質の単体と多種物質との複合的化学反応，特に黄砂との物理・化学的反応解明が必要である．

b. 黄砂の海上輸送時の塩分による変質　黄砂上の硫黄酸化物（硫酸塩）は，多くは大気汚染域で吸着する．特に九州では約9割が硫酸塩を吸着した黄砂であり（Zhang *et al*., 2003），日本上空では約5割とされる（岩坂ら, 2009）．これは黄砂と高濃度の SO_x が海洋上で湿潤大気の影響で吸着したとされるが，自然起源の硫黄酸化物もあり，区分が必要である．大気中での混合割合には複雑な乱流・流体力学的評価が不可欠である．

黄砂粒子は海塩成分が多いほど大きく，例えば，0.4～0.8 μm 成長する（Zhang & Iwasaka, 2004）が，微小粒子の成長過程，重力落下等が未解明である．海上での黄砂の酸性物質の吸収，黄砂と海塩の塩素ガスとの化学反応，黄砂・海塩混合と雲・霧生成との反応は密接に関連する．反応機作は不明な点が多いため，黄海，東シナ海，日本海上での黄砂の化学的変質の解明が必要である．

c. 黄砂の海上輸送時の水蒸気による変質　黄砂が運ぶもの（岩坂, 2006, 2009）によると，黄砂の長距離輸送が活発な高度の自由大気圏では，偏西風と低気圧の影響で物質を攪乱するため，高度10 km位まで複雑な運動と混合を伴い長距離輸送される．大気中の水分量が黄砂表面での反応に重要な役割を果たす可能性が高い．中国沿岸部上空では粒子表面に付着はなく，東シナ海を送風する間に粒子表面に大気汚染物質が付着した報告があるが，汚染ガスとの反応過程は不明な点が多い．

水蒸気による黄砂の変質では，SO_2 の反応速度への相対湿度の大きな関与が解明されたが，硫黄含有率・量や湿度による取込み係数の変化に敏感である．中国東北部で酸性雨被害が少ないのは，炭酸塩粒子による脱硫機能が大きい湿式石灰石石膏脱硫法と同じ機能を果たすためである(岩坂ら, 2009)．今後，自然環境下での酸性雨，pH 緩和の定量的同定が必要である．黄砂表面へのシュウ酸付着も確認された．エーロゾル中のカルボン酸では，錯形成による金属元素を水溶性にする機能が示された(Kawamura *et al.*, 2004)．

1.3.4　大気汚染物質による人間への影響

中国では石炭の使用が非常に多く，この石炭から発生する多環芳香炭化水素やニトロ多環芳香炭化水素の中には，幾つかの健康悪影響作用があり，以前より発癌作用と変異原性が問題であった．人間や家畜，野生動物の内分泌撹乱物質(環境ホルモン)を持つ可能性が高く，人間では呼吸で体内に入る環境ホルモンとして注目される(Kizu *et al.*, 2000)．これら物質の日本での飛散量や吸収・発病状況を早急に解明する必要がある．

その他，種々の大気汚染物質による呼吸器疾患，アレルギー疾患，化学物質過敏症・感染症の免疫学的な研究および人間の健康・病気の多方面・精密な研究が急がれる．

1.3.5　黄砂，大気汚染物質の観測ネットワークの構築

東アジアの越境大気汚染(高見, 2009)によると，九州北西部では

オゾン濃度が高く光化学スモッグ注意報の発令が多く，大陸からの大気汚染物質流入は約半分とされる．寒候期，特に冬季，春季には北西の季節風で大陸からの空気流入が多く，大気汚染物質も輸送される．海洋上での大気汚染質の変質現象解明のため，沖縄北端の辺戸岬でも観測中である．

1998年より環境省の東アジア酸性雨モニタリングネットワーク（EANET），2001年より酸性雨監視ネットワークが構築されたが，SO_2，NO_x，O_3，NMHC（非メタン炭化水素），雨水の酸性度，大気汚染物質の乾性沈着量，土壌や湖沼のpHをWeb速報するEANETの拡充，エーロゾル，オゾン，過酸化物のモニタリングでは，環境省モニタリングWeb速報「そらまめ君」のアジア地域への拡大が望まれる（青木，2009）．

黄砂，大気汚染物質のモニタリングでは，特に観測データの解析，評価が重要であり，公表して政策へ有効利用し，高精度予報への活用が望まれる．

1.3.6　大気汚染物質と雨水の酸性化問題

近年，大気汚染，中でも酸性化が地球規模で進行し，特に北ヨーロッパのスカンジナビア半島を中心に酸性雨による湖沼の酸性化がきわめて深刻で，黒い森林，死の湖，魚の少ない河川の増加等が重大である．

1980年代より中国西部，韓国，台湾，日本でも降水の酸性化，酸性雨による自然環境への悪影響があるが，日本では降水量が多いなどで被害が少ない．乾性・湿性酸性雨が継続的に降る状況では，土壌や湖沼の酸性化が進みつつあり，環境省等は土壌，湖沼，河川の酸性化による生物影響研究を拡充する必要がある．

1.4　黄砂の発生源と輸送中の健康，病気への影響

1.4.1　黄砂による家畜・作物の病気への影響

a. 黄砂の発生源での農林牧畜業からの影響　乾燥地では，家畜の過放牧による沙漠化や過耕作が問題である．乾燥地における野外では家畜の糞尿は直ぐ乾燥し，特に牛，羊，山羊の糞は風食等で細粒子，乾燥糞塵となり，黄砂で輸送される．微生物が繁殖し，特に空気伝染性疾病の蔓延を助長する．農地からは肥料(N，P，K等)，農薬(病虫害防除剤，除草剤)，植物残渣の有機物，農耕地で発病した作物病原菌，ウイルス，麦さび病等も輸送される．これらは黄砂に付着しての日本への輸送，伝播が疑われるが，特定はされてない．しかし，本書での説明(真木, 2011)のように相当の知見が得られている中，さらなる解明が急がれる．そして，動植物病害防止対策への活用が必須である．

b. 家畜，作物の病原菌の同定　黄砂付着病原菌(口蹄疫，豚コレラ，麦さび病等)は低温，乾燥，紫外線に耐えての輸送，伝播が推測され，その状況を早急に解明し対策する必要がある．

筑波大学では，牛，豚，羊等の家畜口蹄疫研究でDNA鑑定法を発明し，沖縄，福岡，つくばで採集した黄砂すべてから家畜口蹄疫病原菌存在の可能性を確認した(山田, 2009；Shi *et al.*, 2009)．

日本では，口蹄疫が，2000年，92年振りに宮崎県と北海道で，麦さび病が，2007年，24年振りに山口県と大分県で同年に発生し

た．黄砂による病原菌の飛来が原因と推測されるが，中国やモンゴルのどの地点の黄砂付着病原菌が伝播，発生させたかの確証もなく，また，人間，家畜，作物への病原菌も確定的でなく，喫緊の解明課題である．

そして，2010年1月，韓国で8年振りに牛で口蹄疫が発生した．非常に危惧すべき事態であり，経過が注目された．詳しくは後述する．

1.4.2　黄砂による人間の健康への影響

大気中の黄砂には大気汚染物質や微生物が含まれるため，最近では黄砂現象を人間の健康視点から見るようになった．発生源上空で採取した黄砂にはカビや胞子が多く付着し，病原性の日和見細菌も確認された（岩坂, 2009）．この微生物が生きた状態で長距離輸送され，日本においてどう影響するかなどの解明が非常に急がれる．

黄砂による健康影響は，発生源の中国では，呼吸器系感染症，心欠陥疾患，心筋梗塞，脳卒中の発生率が高いと新聞，テレビ等での報道がある．韓国では，心欠陥疾患，呼吸器疾患の死亡率の増加や気管支喘息（ぜんそく）患者への悪影響，台湾でも影響報告がある．日本では，呼吸器への直接的影響は少ないとされるが，スギ・ヒノキ花粉症の時期と重なるため，子供の気管支喘息患者やアレルギー過敏症患者への間接的な相乗的悪影響が懸念される．

黄砂は，気管支肺炎や肺胞炎を起こし，アレルギー反応に重要な抗体産生を高めて花粉症や気管支喘息の悪化作用（岩坂ら, 2009）やスギ花粉症による鼻閉症状とアレルギー炎症の悪化作用（日吉ら, 2006）を起こす．黄砂の主要成分のカオリン（粘土鉱物）によるアレルギー喘息への影響調査から気管支喘息の悪化が確認された(市瀬ら, 2006a, 2006b)．黄砂に付着した微生物由来物質にアレルギー反応増強作用が懸念され(岩坂ら, 2009)，また，筑波大学でも黄砂のアレルギー反応物質の研究が行われ(礒田, 2009, 2010；山田, 2009；山田ら, 2010)，関連性が指摘されている．

また，日本，世界の病原ウイルスや鳥・豚インフルエンザ等に関しても黄砂，ダストとの関連性を早急に解明する必要がある．

以上のように，黄砂と呼吸器関係疾患の各種病気発生，アレルギー反応についてかなりの成果情報が得られ，新聞，テレビ等でもよく報道されるが，科学的な証拠は十分ではない．黄砂(鉱物と微生物)による呼吸器疾患，アレルギー疾患，化学物質過敏症・感染症の免疫学的研究，人間の健康・病気，家畜・農作物の病気に多方面の精密な研究が急がれる．さらに，黄砂とも関連する大気中移動微小昆虫の影響・評価研究も待たれる．

1.5　黄砂の海洋，気候への影響と沙漠化防止対策

1.5.1　黄砂の発生源と輸送中の海洋への影響

深海底に降り積もる黄砂(植松, 2009)で，黄砂の飛来前後の海洋上での水蒸気収支変動が論議された．水蒸気収支とは，黄砂中の鉄分に起因する海洋プランクトンの増殖がDMS(硫化ジメチル)の発生から大気中の水蒸気や雲の増減への影響を意味する．

①　観測から順に，黄砂の多い年，海水中に溶出する鉄分量の増加，植物プランクトン増加，大気中の CO_2 減少，寒冷化の進行，海

水中の窒素・リン酸の消費・消滅，プランクトン増殖停止，寒冷化終焉への流れがある．

② 海洋への鉄分人工散布実験から順に，鉄分増加，植物プランクトン増殖，大気中へのDMSの放出，酸化されて微粒子化，太陽光を弱める日傘効果のある白い雲の増加，温暖化抑制への流れがある．

現在，両仮説が大規模に検証されつつあるが，さらに加速的な研究推進が望まれる．全体の流れと各項目間の因果関係の強度・量的解明は，黄砂の総合評価と地球環境への影響を判定するうえで重要である．

1.5.2 黄砂と大気汚染物質による海洋酸性化への影響

アジア大陸起源の大気降下物の約半分が太平洋に輸送され，海洋表層に微量栄養塩の可溶性鉄分を供給し，生物生産量を高める(Zhuang *et al.*, 1992)．大陸起源のダスト粒子は長距離輸送中に大きい物から落下し，直径約4 μmが多い(Liu *et al.*, 1998)．長距離輸送中に工業・大都市域で人為起源のエーロゾル表面に黄砂が吸着して海洋に落下する．これら成分はダスト粒子表面を覆い，酸性化を高め，栄養塩類の溶出と海洋の一次生産を促進する(岩坂ら, 2009)．一方，黄砂の酸性化は海洋の酸性化に影響するが，この海洋の酸性化の重要問題についての緊急声明(日本学術会議, 2009)が出されている．

1.5.3 黄砂の発生源と輸送中の気候への影響

東アジア起源の黄砂の長距離輸送と気候(三上, 2009)を見ると，ダストは，1990年代以降，地球科学が発展するに従って地球の気候影響で重要な因子と指摘されている．気候影響は大きいが，定量的でない．大気中の浮遊ダストの日射・赤外放射の散乱・吸収に基づく放射強制力(地表を暖める放射熱量)による直接効果と，雲の生成効果および降水効果による放射強制力は，IPCC(気候変動に関する政府間パネル)でも重要事項である．

なお，気候影響が大きい黄砂現象を解明する必要があり，地球環境問題を解明するうえで，長距離輸送の実態とダスト・巻雲生成過程や雪氷アルベド(日射の反射率)過程をグローカルスケール(グローバルとローカル)で考察し，ダストが気候系に及ぼす影響プロセス(三上，2009)から考えた気候関連黄砂研究が重要である．

1.5.4　黄砂軽減のための沙漠化防止対策

a. 中国の沙漠化防止法と基本的黄砂防止対策　黄砂防止には，まず沙漠化防止が不可欠である．黄砂は古代からあり，黄土高原を形成したほどであるが，最近の黄砂の多くは人為的作用に伴う沙漠化で発生するため，その沙漠化防止が最優先である．沙漠化の原因には種々あり，過放牧，過耕作，過伐採，過使用水等である．沙漠化は基本的には人口増加に伴う過剰開発による自然科学的かつ社会科学的問題であり，その影響はきわめて広範囲に及ぶ．沙漠化防止法で最も有効で簡単な方法は，碁盤の目・格子状防風林と草方格(**図-4.21** 参照)であり，かつ基本的な植林が重要である．また，画期的な液体炭酸人工降雨法も有望である(真木ら，2008，2011b)．

最近，中国では沿道や黄土高原の傾斜地に植林を行い，緑化を急速に進めている．広大な荒地面積のため，直接的な効果はまだ評価できないが，今後が期待される．場所，時期に適った的確な植林による沙漠化防止が有効となる．

b. モンゴルの沙漠化防止法の問題点 モンゴルでは，沙漠化防止として植林面積を増やしている．2003年のモンゴル国環境白書によると，2000年には約1万ha植林したが，予算は0.6億円/年と少ない．2005年,「グリーンベルト計画」が公表され，2005〜2035年に東西総延長2,500 km，幅600 mの防砂林ベルトにより北進する沙漠化から国土を守る計画である．目的はわかりよいが，沙漠化はいつも線状で北上するわけではなく，パッチ状に発生する性質がある．アフリカのサヘル地域において日本政府が援助したグリーンベルト事業の効果の低さと同様，費用の割には効果が少ないと考えられる．幅は狭くても碁盤の目状の防風林が有効である．

防風林，防砂林は，原理的には相似な草方格に倣って，林帯幅はたとえ1〜2列でも，碁盤の目状防風林もしくは複数列の林列が有効である．防風林帯から木材を得る目的であろうか，広範囲の防風，防砂は，沙漠化防止を行う原理から外れており，程度の低い政治的・行政的計画のように思われる．この計画が韓国の指導・援助と聞く，サハラ沙漠サヘル地域での失敗の繰返しでないことを願うのみである．

2章
口蹄疫の基本情報と発生，防疫および空気伝染

2.1　口蹄疫の基礎的情報

まず，口蹄疫に関する基本的・基礎的特性について述べる．

口蹄疫は，FAO（国際連合食糧農業機関）が「国境を越えて蔓延し，発生国の経済，貿易および食料の安全保障に関する重要性を持ち，その制圧には多国間の協力が必要となる疾病」と定義する「越境性動物疾病」の代表的疾病である．ウイルスによる成畜（成人に対応する家畜の用語）の致死率はあまり高くはないが，その伝染力は他に類を見ないほど強い．ひとたび感染すると，たとえ治癒しても長期間にわたり畜産物の生産性を著しく低下させ，かつ外見上は治癒しても継続的にウイルスを保有して，新たな感染源になる可能性の恐れがある．

したがって，蔓延状況になると，畜産物の安定供給，地域社会経済に甚大な打撃を与え，かつ国際的にも非清浄国として国際的信用が失墜して，貿易が不可能となる恐れがある．そのため，現在の科

学的知見として，早期発見，迅速な殺処分，焼却・埋却を基本とした防疫対応が最適として対策を講じている．なお，口蹄疫発生の最大の対策は予防であるとの認識を持ち，常日頃からの対策が必要である．そして，発生した場合は，早期の発見，通報，そして的確な初動対応が不可欠である．

さて，2010年，宮崎県での口蹄疫は，アジア地域で発生していたウイルスと遺伝学的に類似した近縁種であり，何らかのルートによって日本の，地域として宮崎県に侵入したと推測される．口蹄疫ウイルスは，短期間に変異しやすく，また，多くの動物に感染するなど,「多様性」を持つ特徴がある．したがって，過去の対策では対処できないこともある．

ここで，山内(2010)および津田(2010, 2011)，村上(2010, 2011)，白井(2010, 2011)の文献から要約する．

口蹄疫ウイルスは，1897年，ドイツのフリードリッヒ・レフラー(F.Loeffler)とパウル・フロシュ(P.Frosch)によって発見された．口蹄疫は，ピコルウイルス科アフトウイルス属ウイルスで起こる急性熱性伝染病である．

口蹄疫ウイルスに偶蹄類動物(牛，豚，羊，山羊等の家畜や鹿，猪等の野生動物)が感染し，口，蹄，乳房の皮膚・粘膜に水疱を形成する．ウイルスには7種O，A，C，Asia1，SAT1，SAT2，SAT3型があり，抗原変異を起こしやすく，同型でもワクチンが効かないことがある．ウイルスは高温，乾燥，酸・アルカリ(pH)，太陽光(紫外線)に弱いが，低温，高湿，中性では数日～数ヶ月[牛舎2週間，尿39日，土壌28日(秋)・3日(夏)，乾草22℃20週間等]生存可能である．

伝染形態には，

① 感染発病した水疱，乳汁，糞尿，畜産物(肉類，臓器)との直接的接触伝播，

② 機材，器具，飼料，動物(野生動物，昆虫等)，人，車両，畜舎等を介した間接的伝播，

③ 気道からの排出ウイルスの飛沫核感染の空気伝染(伝播)，

がある．③は②に含まれる場合もあるが，ここでは区別した．

ここには記述されていないが，筆者の考えるところ，塵埃(砂埃，土埃，ダスト)，体毛，羽毛等，および目に見えないほどの微小物質や細菌・カビ等の微生物による伝播がある．特に，塵埃や微小物質の場合，風によって広範囲に伝播する可能性が大きく，よほど注意する必要がある．

なお，牛は検出動物(感染しやすく検出しやすい)，豚は増幅動物(感染しにくいがウイルスを増幅，伝染させやすい)，羊，山羊は運搬動物(発病しにくく気づかずに伝染させやすく，2～3 年もウイルスを保持)と呼ばれ，区別されている．そして，豚は牛より 10 万倍のウイルス量でないと感染しないが，ひとたび感染すると，100～2,000 倍(1,000 倍)のウイルスを排泄する．

2.2 口蹄疫の発生と防疫

WTO(世界貿易機関)では WTO 協定の付属書「衛生植物検疫措置の適用に関する協定」(SPS 協定)を定め，人，動物，植物の生命または健康を守る衛生検疫措置の本来の目的が達成されるとともに，

貿易に与える影響を最小限にするための具体的ルールを提供している．各国はこの協定に反しないことを条件として衛生植物検疫措置をとる権利を有するが，それには科学的原則に基づいて，恣意的，不当差別とならないことを定めている．動物衛生では，OIE（国際獣疫事務局）が定める陸生動物衛生規約が適用される．これには，動物，畜産物の国際貿易において規制対象とする家畜の伝染性疾病の種類，対象疾病の検査方法，検査結果等の証明方法等を規定している．規約には国ごと，地域ごとに次の清浄度区分があり，区分に応じて規制がとられる．ワクチン接種を実施している・いない口蹄疫清浄国・地域の4種類，および汚染国・地域の計5種類である（津

図-2.1　世界の口蹄疫の発生状況（農林水産省 HP, 2010）

田，2010).

なお，2010 年 11 月 16 日現在，国別の口蹄疫状況は**図–2.1** のとおりである．発病地域が非常に広範囲に及んでいることがわかる．

日本は，2010 年 4 月まではワクチン接種を実施していない口蹄疫清浄国であったため，他の地域からの家畜や畜産物の輸入に SPS 協定に基づいて輸入制限が可能であり，逆に他国への輸出は制限を受けない等の利点があった．また，規定では，ワクチンを接種している・いない口蹄疫清浄国・地域で口蹄疫が発生した場合，防疫措置完了後に元の区分に復帰する条件が定められている．

① 殺処分方式および血清学的サーベイランス(監視，評価)を実施した場合には，最後の症例を処分後 3 ヶ月，

② 殺処分方式，緊急ワクチン接種および血清学的サーベイランスを実施した場合には，すべてのワクチン接種動物を処分後 3 ヶ月，

③ 殺処分方式，緊急ワクチン接種および血清学的サーベイランスを実施するが，ワクチン接種動物すべてを殺処分しない場合には，最後の症例または最後のワクチン接種の遅い方から 6 ヶ月(ただし，非構造タンパク質に対する抗体検査でワクチン接種動物が感染していない証明が必要).

殺処分方式を採用しない場合には，以上の条件は適用されず，清浄度区分の認定条件を適用する．

日本は 2000 年の口蹄疫に引き続き今回も，②の方式を実施し，ワクチン接種家畜もすべて殺処分して，発生終了後の回復期間にこだわって 3 ヶ月で復帰させる方法を実施したが，③による方法もあったと思われる．

殺処分目的のワクチン接種と生存目的のワクチン接種(マーカー

法)があるが，後者の方式，すなわち，ワクチン接種家畜と自然感染家畜とは区別可能である手法を検討すべきであったと思われる．つまり，2001年の英国，オランダでの大量殺処分(610万頭)での失敗事例を今回の宮崎での対処法に活かすことができなかったように思われる．また，民間の種雄牛問題に関して，OIEには「稀少動物保護規則」があり，動物園の動物や和牛の種牛はそれに含まれるとされる．しかし，日本はそのように解釈せず，すべて殺処分してしまった(例外は種雄牛5頭)．ただし，県所有の種雄牛5頭の例外がOIEで認められたことは，稀少動物保護規則による和牛の解釈の準用に相当するものと思われる．

筆者は，種雄牛に関して新聞記者から意見を求められたことがあった．その時には，この方面の専門的知識も不足気味でもあり，感傷的な気持ちも関与してか，民間の種雄牛は貴重であり，発病していなければ残してよいとの回答をした．ワクチン接種牛と自然感染牛の区別がつくのであれば，一層残すべきであったと主張できたと思われる．

2.3　風による外国での伝播事例

地上付近の風による口蹄疫の伝播の事例は幾つかあり，特にヨーロッパでは多く観察されている．

以下には山内(2010)から要約して記述する．陸上では，ほとんどの場合，10 km以内での口蹄疫の発生である．このため，ワクチン接種は口蹄疫発生農場の周囲10 km以内の家畜を対象として実施されるが，この距離の根拠は，おそらく風による伝播を考慮したものと推測される．1976年，英国で発生した口蹄疫は，インフルエンザの10倍以上のスピードで広がったとされ，風による伝播が関与したとされる．これは，ウイルスが細かい埃や塵等に付着してエーロゾルとなって風で運ばれるものである．英国ロンドンのパーブライト（Pirbright）研究所（OIEの世界口蹄疫センター）の実験によると，ウイルス生存には相対湿度約60%が最適とされている．

海を越えて伝播した事例では，1981年，イギリス海峡をフランスから英国のワイト島に伝播したものがある．3月4～26日にブルターニュの13箇所で口蹄疫が発生した報を受け，英国では直ちに3月6日にウイルス学者と気象学者のチームによりウイルスが風によって運ばれる可能性が検討された．

パーブライト研究所では，これまでの研究で，湿度が高く涼しい時期で一定の方向に弱い風が吹いている際に起こり得ると指摘されていたため，その気象条件に当たるとして，イギリス海峡のチャンネル諸島に到達する可能性が高いことが推測された．また，可能性は低いものの，英国南部まで到達することも考えられた．

可能性が低いと考えられたのは，それまでに報告された最長距離が，1966年にデンマークからスウェーデンまで運ばれた事例で約100kmであったためである．予想どおり，英国のチャンネル諸島ジャージー島（フランスに近く約70 km）と英国南部のワイト島（約250km）の両方で口蹄疫が発生した．

気象条件を調査した結果，3月7，10日がウイルス伝播に理想的であったため，この2回にウイルスが運ばれたと推測される．この間の250 kmは地上付近の風による伝播の最長記録（270 kmの事例あり)であった．

次に，村上(2010, 2011)によると，口蹄疫感染農場の汚染濃度が高まると，塵埃等に含まれるウイルスが数 km の近隣農場に飛んで汚染が拡大する局地的拡散(local spread)がある．陸上では 60 km (1967–68)，海上では 250 km(1981)も風で伝播した事例がある．1967–68 年の英国での事例では，初発農場の風下に多数存在していた．その後，ドーバー海峡を越えてフランスから英国(1974, 1981)へ，デンマークからスウェーデン(1982)へ等，ヨーロッパの寒冷期の風による伝播が記録されている．また，ヨルダンからイスラエル(1985)への同様な事例がある．この口蹄疫イウルスの風による伝播は，低温が続き，日照も少なく，霧が立ち込める高湿度条件が重なって起こったとされる．特に，ウイルスの自然環境での生存に重要である．風による高湿度が確保される必要があるとしている．

白井(2010, 2011)によると，

① 1966 年 2 月，デンマーク州立獣医学研究所[6 km

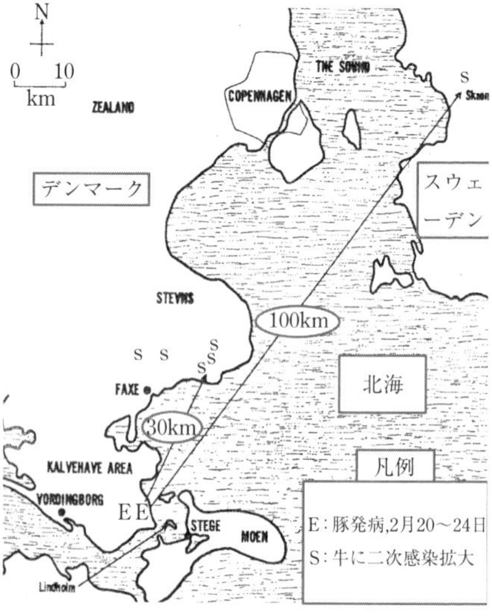

図–2.2　デンマークからスウェーデンへの風による口蹄疫伝播［白井(2011) を改図］

離れたリンドホルム(Lindholm)島]からウイルスがワクチン製造中に空調装置から漏れ出してデンマークのジーランド(Zealand)とカルブハブ(Kalvehave)で口蹄疫が発生した．これが海上を輸送され，30 km 離れたデンマークのステブン(Stevns)半島，および 100km 離れたスウェーデンのスカーン(Skaane)海岸付近の農場の牛に伝播した事例がある(**図-2.2**)．

② 1974 年 2 月，フランスのブリュターヌ地方プルマウガット(Plumaugat)からチャンネル島のセント・クエン(Saint Ouen)まで 105 km も風によって伝播し，10 頭の感染が確認された．

③ 1979 年 3 ～ 4 月，フランスのノルマンディ(Normandy)カルバドス(Calvados)とマンチェ(Manche)で 01 型口蹄疫が発生した．初発は 3 月 20 日で，カルバドスの農場で豚 450 頭と牛 8 頭に認められた後，カルバドスで 17 件，隣のマンチェでは 3 件認めら

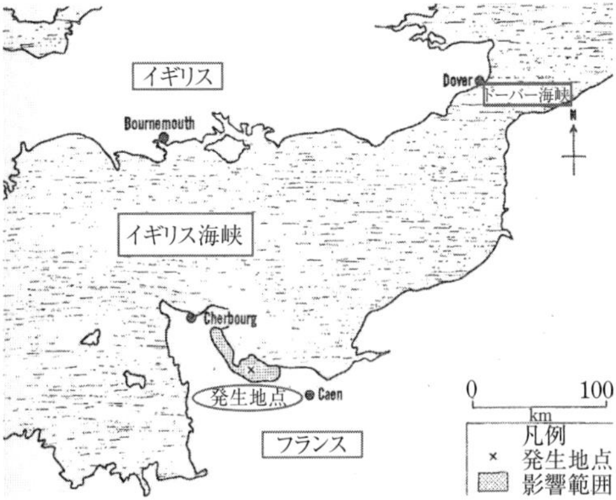

図-2.3　フランスからイギリスへの風による口蹄疫伝播[白井(2011)を改図]

れた．カルバドスでの初発は，3月15日に豚の排出した空気中のウイルス量が少なくとも1×10^8感染価(感染性ウイルス粒子の数)を示し，3月21日には7×10^9感染価を示した．3月20日には空気中の湿度は60％以上で，緩やかな風が英国南岸に向いて吹いていた．この時の放出ウイルスが英国海峡を渡り，270 km離れたドーバー(Dover)に伝播したとされる(**図-2.3**)．

3章
海外での口蹄疫の発生状況

3.1　海外での発生と国内での発生

農林水産省・口蹄疫疫学調査チームの中間取りまとめ(疫学チーム, 2010)および口蹄疫対策検証委員会報告(検証委員会, 2010)によると，口蹄疫ウイルスは，現在，血清型(O，A，C，Asia1，SAT1，SAT2，SAT3型)が7種確認されており，アジア地域では主としてO，A，Asia1型が発生している．

発生した口蹄疫を細かく見ると，**図-3.1**，**3.2**のとおりである．まず，中国ではA型[2009年10月25日，12月30日，2010年1月18日(以上3回，新疆ウイグル自治区, 牛，羊，山羊), 1月18日(北京，牛)]が発生した．韓国ではA型[2010年1月2，13，15，18，19日(京畿道，牛)，3月9日(京畿道，鹿)]が発生した．

A型口蹄疫は，中国新疆ウイグル自治区コルラ(タクラマカン沙漠北東部)で2009年12月30日(ウイルス排出・発病日12月20～25日)に牛で，2010年1月18日に牛，羊，山羊で発生が確認された．

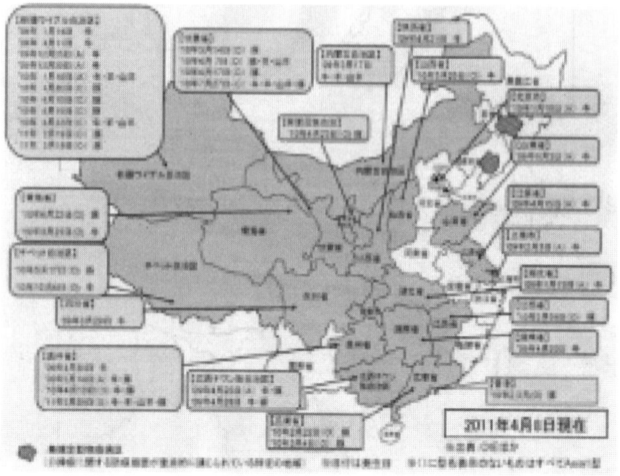

図-3.1 2009年1月以降の中国の口蹄疫の発生状況(農林水産省 HP, 2011)

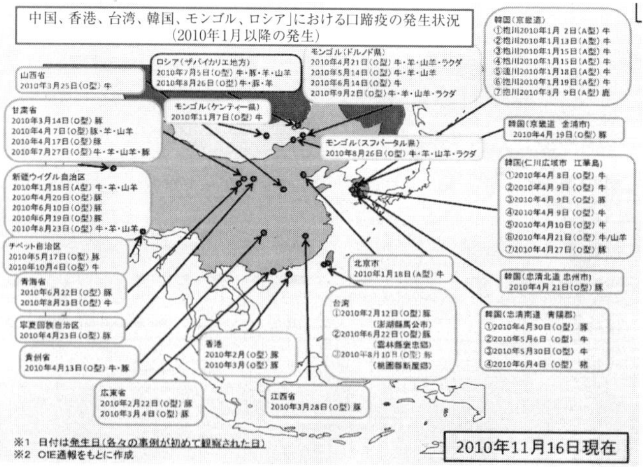

図-3.2 2010年のアジア各国の口蹄疫の発生状況(疫学チーム, 2010)

冬季としては珍しく日本までの広範囲に強い黄砂(中国西部では2009年12月23〜24日，韓国では12月25〜26日，日本では12月26日27箇所)が発生した．A型口蹄疫ウイルスの伝播の原因はこの黄砂であると推測され，偏西風に伴う大陸からの黄砂により，まさに潜伏期間も考慮すると，見事に正月明けの2010年1月2日に韓国で8年振りに発生させた．これは，繰り返すが，2009年12月下旬の黄砂に起因する可能性が高い．

韓国では2010年1月2日の発生が伝染源となり，地上付近の風による輸送，伝播により1月13，15日に牛で口蹄疫が発生した．また，2009年12月23〜26日の中国新疆からの中国東部，韓国，日本への黄砂と同様，再度，2010年1月10日頃の黄砂(上層風)および地上風により，北京で1月18日，韓国で1月18，19日にいずれも牛でA型口蹄疫ウイルスが伝播し発病させたと推測される．

一方，宮崎での口蹄疫ウイルスはO型であったが，O型発生に関連しては，台湾でO型(2月12日，豚)，香港でO型(2月，3月，豚)が発生していた．そして，中国内ではO型[2月22日と3月4日(南東部の広東省，豚)，3月28日(南東部の江西省，豚)]が発生した．

特に関連の深い中国北西部・北部では，O型[3月14日(甘粛省蘭州郊外，豚)，3月25日(山西省，牛)が発生した．また，4月7日(甘粛省，豚，羊，山羊)，4月13日(貴州省，牛，豚)，4月17日(甘粛省，豚)，4月20日(新疆，豚)，4月23日(寧夏回族自治区〈以降，寧夏〉，豚)]が発生した．韓国では，O型[仁川市江華島，4月8，9，10日(牛)，4月9日(豚)，21日(牛，山羊)，27日(豚)，京畿道金浦市，4月19日(豚)，忠清北道，4月21日(豚)，忠清南道，

4月30日(豚)]で集中的に発生している．また，モンゴルでは，O型(4月21日，ドルノド県，牛，羊，山羊，ラクダ)が発生した．

もちろん，2010年5月以降12月まで，また，それ以降もアジア各地で発生しているが，日本へのウイルス伝播経路としては関連がないため，ここでは省略した．なお，2010年2〜3月の伝播については，中国南部域でのO型口蹄疫が中国北部に人の移動や物，飼料の輸送等の何らかの手段によって伝播した可能性は否定できない．しかし，この領域からの日本(宮崎)への人，物の移動等に伴う侵入の可能性はあるが，報告書でも推測されているとおり，侵入した証拠はなく，明確ではないとされている．逆に言えば，関連は薄いとして処理した．

なお，日本に影響を与えたO型ウイルスの遺伝子検査[OIE(国際獣疫事務局)認定の英国家畜衛生(パーブライト)研究所での確認]では，宮崎O型ウイルス(O/JPN/2010)は香港株99.2％，ロシア株98.9％，韓国株98.6％であった(疫学チーム,2010)．なお，中国株は，データ供与がないために検定できていないが，多分ほぼ同様の数値で高いと推定され，同種であると推測される(**図–3.3**)．

口蹄疫発生は，公式には2010年4月20日であった．しかし，あまりにも遅い確認の状況である．本来，口蹄疫清浄国を約10年間維持してきており，かつ日本のウイルス調査・検定の技術レベルの高さは評価できるはずのものであったにもかかわらず，結果的にこのような遅い確定・対策の状況であったことは，きわめて不合理であり，怠慢であったともいえるように思われる．実際の初発生は，3月26日と推測されているが，まずここからスタートして，発生経過，原因について第4，5，6章で考察していきたいと思う．そし

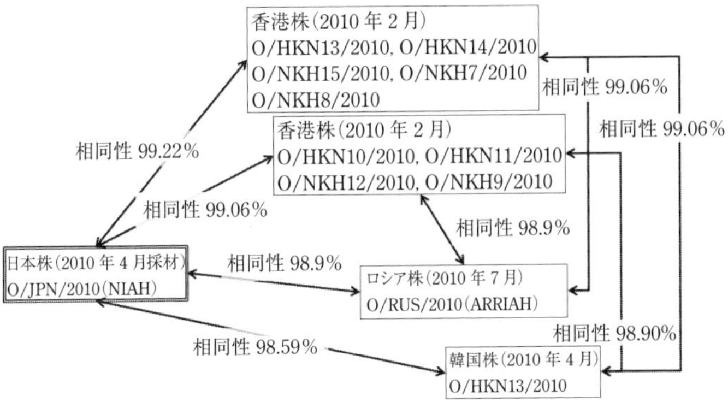

図-3.3　2010 年に分離された口蹄疫ウイルス株と相同性の高い分離株(疫学チーム，2010)

て，対策についても後述することとする．

3.2　口蹄疫による自然侵入，人為的侵入，特にテロについて

口蹄疫は海外で広範囲において猛威を振るうとともに，2010 年には日本でも猛威を振るった．現在，航空機・船舶輸送網等が発達している中，グローバル化に伴い口蹄疫ウイルスが持ち込まれる危険性が高くなっている．加えて，世界各国で口蹄疫が発生すると，空気中にウイルスが放出される機会が増加し，特に環境問題として黄砂，風等による空気伝播も懸念されるところである．

さて，生物テロについてであるが，以前に遡ると，第一次世界大戦時，ドイツで軍事的利用目的の研究事例があった．特に口蹄疫について，ドイツが国内の家畜にワクチンで免疫を持たせ，生物兵器的に利用するのではないかと英国が深刻に考えた事例があり，実際にその秘密研究が行われていたとの報告がある(山内, 2010)．しかし，実際は懸念で終わっている．

第二次世界大戦時，米国，ロシアでも生物兵器の事例があり，日本でもそれに関する研究を行い，実行を目論んでいた背景があった．

最近，日本では，1995年のオウム真理教によるサリン事件に関連した調査から，1990～93年のボツリヌス菌や炭疽菌の使用も明らかになった．また，2001年には米国で生物テロ，炭疽菌テロが発生し，人々を震え上げらせたことがあった．その後，人間への直接影響の少ない農業・畜産テロが懸念されるようになっている．急速な発生・蔓延と経済的ダメージを目論んだもので，警戒しておかなければならない問題である．これに関して米国では研究所を設置して対応しようとしている．

ここで，2010年8月25日，東大で開催された日本学術会議の公開シンポジウムでの討論の内容を示す(真木, 2011)．コーネル大の松延氏から,「①今後の口蹄疫研究の方向，視点はどのように変化していくべきか，②社会的(テロ等の国際政治，防疫等の国際経済)との関連はどうか，③国際的研究と対策の連携の視点から，凬の研究の意義は口蹄疫がテロによって起こされる可能性に重点を置いているが，米国の影響は無視できなくなるのではないか」，との質問，コメントがあった．

村上氏の回答は,

① 口蹄疫の病状から，現状では清浄国で発生した場合に殺処分と移動規制を基本とした防疫を行うしかないが，研究の方向性は，殺処分の回避や最小限に防止する技術，例えば，ワクチンや抗ウ

イルス剤等の改良開発，アフリカの野生動物はある程度調べられているが，その地域での野生動物の生態解明等が重要である．これまでの国際的な連携に加え，学際的な研究が必要である．

② 口蹄疫は，開発国，開発途上国ともに最も重要な動物感染症である．このため様々なスキームによる国際連携のもとに広範な領域の研究が進められてきた．日本には幸い在外研究の経験者が多く，その促進に貢献できると考える．また，生物兵器禁止条約とそれを補完する国際グループの指針を受けて，国内でも口蹄疫ウイルスは「生物剤」と位置づけられている．米国では9.11以降，口蹄疫研究機関も国土安全保障省の管理下に入るなど，取組みが強化された．

③ 米国は20世紀前半に発生した後，口蹄疫の発生はないが，年間生産額千億ドルの畜産業へのテロ対策強化の取組みがある．

「風」研究の意義はわからない．

との回答であった．

以上の例のように，生物兵器，生物(農業)テロ，特に口蹄疫については新しい重要な問題として，今後とも研究，対応していく必要があるように感じられる．

さらには，前述の航空機・船舶輸送網の発達，グローバル化に伴う人の移動，物流が盛んになる中では，口蹄疫発生国からの輸入は禁止しているが，なかなか完全には防げない状況にあると考えられる．このため，個人的には実際に実施して欲しくはないが，空港，海港での出入国時の人の衣類，靴，バッグ等携行品のチェック体制を強化せざるを得ないように思われる．

▲口蹄疫で国内初の擬似感染豚を出した川南町の宮崎県家畜試験場川南支場への豚の再導入（宮崎日日新聞，2011 年 5 月 12 日）

▼西都市尾八重の避難先から高鍋町の宮崎県家畜改良事業団へ帰還した種雄牛「勝平正」（宮崎日日新聞，2011 年 5 月 20 日）

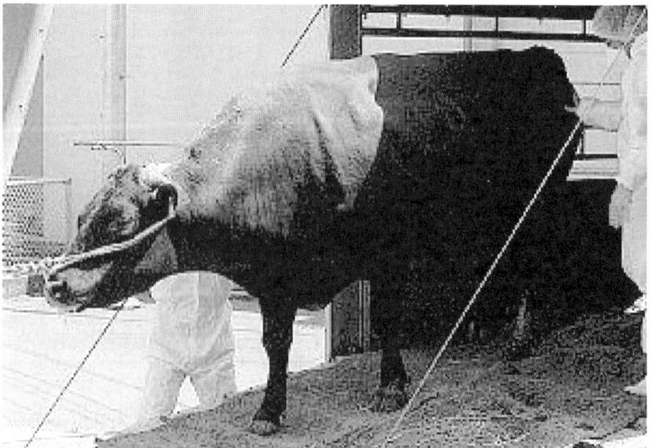

4章
口蹄疫の初発生の伝播経路とその原因
－黄砂，風による伝播，蔓延－

4.1　口蹄疫初発生

2010年4月20日，宮崎の口蹄疫発生が公式に確認されたが，後述のように3月26日が初発とされる．そして，7月4日までに292例の発生で蔓延状況になり，約29万頭の家畜殺処分の結果，7月27日に家畜の移動制限区域が解除され，8月27日に終息宣言が出され，9月には清浄性が確認された．

しかし，この負の遺産は，経済的問題はもとより，非常に広範囲に社会的影響を及ぼした．

その中でも，“口蹄疫清浄国へ復帰して食肉等の輸出の再開を進める”ため，政府・農林水産省が10月6日付けでOIE(国際獣疫事務局)に申請して2011年2月5日に清浄国に認定され復帰したことは喜ばしい限りである．

しかしながら，口蹄疫の後遺症が現在も続いている状況ではあるが，かなり回復状態にあることも確かであり，宮崎県および日本の畜産業界の将来に期待を持ちたいところである.

これら社会的・政治的問題は別にして，ここでは気象的な原因，主として黄砂と風による口蹄疫ウイルスの輸送，および宮崎県内発生後の風によるウイルス付着物の輸送とその伝播，蔓延に焦点を当てて考察する(真木, 2010a, 2010b；真木ら, 2010a, 2010b；真木ら, 2011a).

また，10年前の2000年の宮崎県と北海道での口蹄疫発生についても考察した.

なお，最終節では黄砂付着口蹄疫に対する個別畜産農家や大規模農場での防止，対策について記述した.

別章では，2010〜2011年発生の鳥インフルエンザ，2007年発生の麦さび病について言及した.

4.2 口蹄疫の発生，蔓延

4.2.1 最初の口蹄疫発生の原因と経過

最初に，2010年の口蹄疫発生の経過について述べる.

2010年，宮崎で口蹄疫が公的に確認されたのは4月20日であるが，それ以前に既に口蹄疫発生が疑われており，発生源を考えるうえでは，その日を初発とはできない.

まず，口蹄疫の発生の経過については，3月26日(体調不良認識日：25日)に都農町の農場で水牛1頭が下痢の症状を起こしたが，典型的な口蹄疫の症状は見られず，3月31日に宮崎県家畜保健衛生所に連絡して対応したが，埒(らち)があかず，確認できなかった．4月

7日に600 m離れた別の農家でも牛1頭が発熱したが，9日にも口蹄疫の確認はできなかった.

このあたりで確認でき，対策をとれれば，本格的な伝播は防げたように思われる.

さらには，4月16日には別の牛1頭に発熱症状が見られ，17日にも他の1頭が症状を示したとされるが，この時にも現地では確認できなかった．しかし，家畜保健衛生所は，この時の検体を採集し，ようやく独立行政法人動物衛生研究所に正式に検査を依頼した.

4月19日,(独)動物衛生研究所で検査し，ついに4月20日に都農町の牛3頭が感染したことが公表された．そして，翌21日，川南町で牛6頭が，27日，川南町で豚5頭(蔓延への重大原因)が擬似感染，その後，急速に蔓延状態に突入していった.

一方，確認前の4月20日までの間，牛，またはその汚染糞尿の付着した運搬車がえびの市に移動されたとの情報(疫学チーム，2010；日本農業新聞)があり，それが原因で4月28日にえびの市で発生したとされる.

口蹄疫の潜伏期間は，牛で6.2日，豚で10.6日であるとされる[日本農業新聞，5月1日，末吉(2010)の談話]が，3〜5日の情報もある．農水省の公式HPでは2〜8日とあり，5〜7日程度と考えられる.

さて，口蹄疫の発生原因について述べる．黄砂付着ウイルスによる伝播原因は，一部の研究者や感の鋭い一般の人々に疑われていた．しかし,明らかな確証は得られておらず,今までは想像の域を出なったが，黄砂が無関係との証拠があるものを消去しつつ，種々の条件をつなぎ合わせて考察を行った.

ここで，黄砂が運ぶ病原菌について述べる．タクラマカン沙漠東端の甘粛省敦煌で，地表面の黄砂と地上 50～100 m の黄砂からグラム陽性桿菌が発見され，病原菌付着黄砂の長距離輸送研究の必要性が指摘され（小林ら, 2007；岩坂, 2009），その敦煌と広島で採集された黄砂から 96% の高類似係数を示す同じ菌株が同定された（Hua *et al.*, 2007）．また，サハラ沙漠の砂塵による細菌，カビ，ウイルス，花粉の長距離輸送が報告されている（Kellogg and Griffin, 2006）．さらに，韓国農村振興庁による採集黄砂に通常の大気中の細菌，カビの濃度より 10～20 倍高い報告等があり，その他にも多数の報告もあり，黄砂，紅砂の浮遊砂が病原菌やカビを運ぶことが明かになっている．

口蹄疫と黄砂との関連は，条件，資料が整えば整うほど，疑いのないものになってきている．しかし，生きた口蹄疫ウイルスが口蹄疫を発生させている証明は，まだできていない．その原因は，日本では（独）動物衛生研究所以外では生きたウイルスを取り扱うことができないためである．すなわち，寒天培養等ができない制約がある．また，ウイルスが簡単に変異することも大きい理由であるかもしれないが，黄砂とは直接的関係にはないことである．ただ，生きたウイルス（黄砂付着の可能性のある黄砂採集濾紙）の鑑定を含め，関係者に共同研究を申し込んだが，今のところ成立していない．

話を元に戻すと，3 月 26 日が水牛の口蹄疫発生日とすると，感染日は 3 月 21 日以前であり，また，水牛が口蹄疫に比較的抵抗力があることを考慮すると，最も可能性の高いのは，九州全域で発生した 3 月 16 日の黄砂，あるいは 3 月 21 日の黄砂で，その両日（類似した気象状態）の可能性が非常に大きいと推測される．なお，3 月 16 日の地点数変更後では 67 地点のうち 26 地点（61 地点中 26 地点，2010年後半より観測地点数削減)であり，特に21日は，全国67地点のうち63地点(61地点中58地点)で観測されていることは，黄砂継続・影響時間が長かったこととともに，強力に影響したものと考えられる．かつ，各々の黄砂発生の前日3月15日と20日に降雨があったことが，口蹄疫の伝播，つまりウイルスの生存を決定する重要な現象であった．

以上のように，発生原因を3月16，21日の黄砂によるダブルパンチの可能性が非常に高いと推測している．なお，2010年春季，3月16日が最初の黄砂で，それ以前は発生していない．

3月16，21日の強力な黄砂が地表面，建物等に降下，堆積してウイルスが伝播し，3月26日に口蹄疫が発生して以降，地表面付近の風によって微細な土埃，塵埃，家畜の体毛等による地表面付近の転動，移動で蔓延した可能性が非常に高い．

また，仮に4月20日を初発，あるいは4月7，16，17日を初発としたとしても，宮崎県では黄砂自体が3月21日以降，4月27日までは発生していないため，黄砂が原因となる場合には3月16，21日であると推測される．これについては，詳しくは後述する．

さて，日本の黄砂発生状況について**図–1.1**(気象庁)に黄砂発生日数と黄砂発生延べ日数を示したように，2000～2002，2004～2007，2010年が多くなっている．2010年では，秋季，冬季は，**図–8.1**に示すように非常に多くなっている．また，**図–1.2**(気象庁)に月別黄砂の観測日数を示したが，4，3，5，2月の発生日数順で，3～5月が多い．なお，2010年5月31日現在(観測67地点)，黄砂観測日数は30日で，延べ日数357地点・日で，かなり多く，特に九州では活発であった．

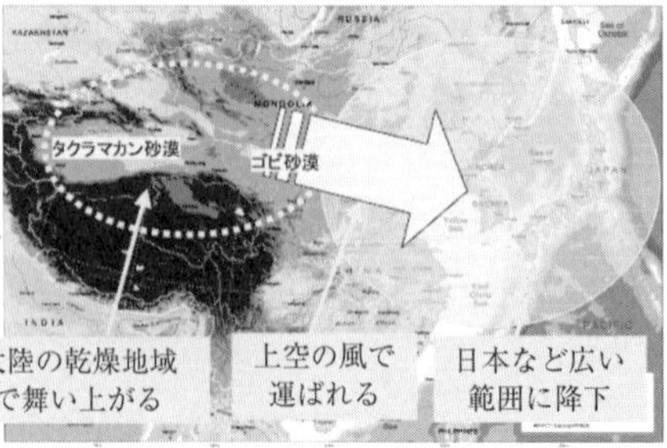

図-4.1　中国からの黄砂の輸送状況(気象庁)

図-4.2　黄砂と低気圧(大気渦)の人工衛星画像(中国気象局・国家衛星気象センター)

また，敦煌(中国)での月別の黄砂発生頻度と降水量分布を**図-1.3**に示したが，日本と同様，3〜5月に黄砂の発生が多い．そして，同図から敦煌の夏雨型の雨量分布がよくわかる．

なお，**図-8.1**，**8.2**に示すように，2010年(黄砂観測地点数61地点)の黄砂観測日数は年間41日の史上4位で，黄砂観測延べ日数は526地点・日の史上2位で，非常に多かった．また，黄砂の月別発生頻度を見ると，**図-1.2**，**8.2**に示すように，平年は3〜5月に多いが，2010年の秋季，冬季では，11月は4日間，12月は7日間で著しく多かった．

黄砂は**図-4.1**(気象庁)に示すように，中国，モンゴルから日本に飛来する．**図-1.4**に米国・海洋大気局(NOAA)，**図-4.2**に中国気象局の人工衛星画像からの黄砂の状況を事例として示した．非常にリアルであり，印象的である．そして，模式化した図を**図–4.3，4.4**に示す．アジア(中国)の黄砂輸送やサハラ沙漠やオーストラリアの沙漠からの紅砂輸送状況をよく表している．

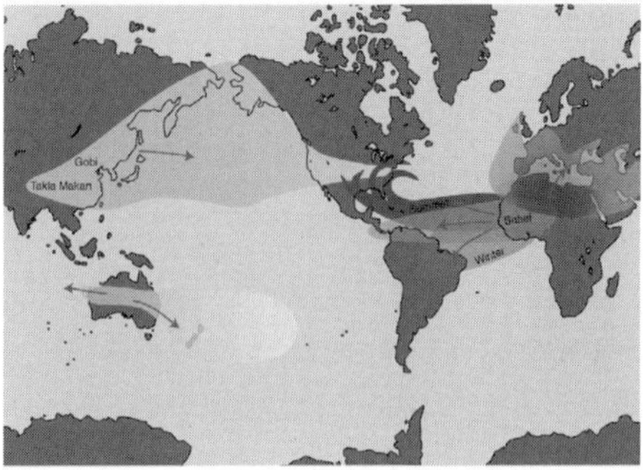

図–4.3　中国の黄砂，サハラ沙漠の紅砂等の移動状況(Griffin *et al.*,2001)

4.2.2　海外での口蹄疫の発生状況

口蹄疫は，1990年代に中近東，東南アジアの国々で発生したものが伝播したとも考えられるが，1999年にイラク，タイ，ベトナム，バングラデッシュ，チベットで，2000年にモンゴル，ロシア極東部，韓国，日本(宮崎県，北海道)，ラオス，カンボジア，南ア連邦で発生し，2001年には英国(610万頭殺処分)で蔓延し，フランス，オランダのヨーロッパでも発生している(Grubman and Baxt, 2004；山田, 2009)．

図–4.4　中国，モンゴル，サハラ等の沙漠からのダスト輸送経路(Griffin, 2007)

2002年には再び韓国で発生し，地球規模で伝播している状況が

図-4.5 最近の口蹄疫の発生状況(朝日新聞, 2010.8.5)

あり，そして2010年にはアジア全域に拡散してしまった状況である(図-4.5)．この東アジアでの蔓延状況にある口蹄疫の多くはO型とA型であり，中国(O型10例，A型2例)，韓国(O型11例，A型7例)，モンゴル東部(O型)，台湾(O型1例)，香港(O型2例)，日本[O型43例(5月7日)，292例(7月4日)]となっている．

少し以前に遡ると，2009年12月，中国コルラ(A型)，2010年1月，韓国(A型)で発生し，一度は治まったが，中国では3～4月，韓国でも4月(8～10日)に再発生し，11月には再々発生(黄砂が原因と推測)して猛威をふるった．越年し，韓国では2011年2月2日現在で殺処分300万頭を超え，4月までに豚332万頭，牛15万頭が殺処分され，最終的には530万頭が殺処分された．なお，韓国の4月と11月の発生原因はやはり黄砂付着ウイルスに起因していると推測される．

黄砂は仮に中国を起源とすると，韓国，日本を経て太平洋を越え，アメリカ，カナダ，そして大西洋を越え，ヨーロッパ，さらには中国へと地球規模で輸送される．地球1周は12～13日間程度である(鵜野, 2009)．したがって，たとえ今回のように宮崎県のみで口蹄疫蔓延を抑え込んだとしても，ダスト(黄砂)，塵埃，土埃は長距離輸送されるもので，再発の可能性がある．黄砂以外の原因を考えても，国外からの伝播の可能性が常に存在する．何時，何処で発生するかは判断できない状況にある．

2000年には，先に記したとおり九州(宮崎)と北海道，そしてその他の国々で発生している．日本の九州と北海道の長距離間での同時発生，そして，韓国，ロシア極東部も同時期発生である．どう考えても，大気循環による中国，モンゴルからの黄砂輸送に原因すると考えた方が理解しやすい．特に，宮崎県での初発生は黄砂と推測される．これについては後述する．

また，麦さび病は2007年，24年振りに瀬戸内海を挟んだ山口県と大分県で同時に発生した．これも黄砂輸送が推定できると思われるが，如何であろうか．これについても後述する．

4.2.3　国外からの口蹄疫伝播の可能性

今回の口蹄疫の伝播には2つの原因が考えられ，2区分する必要がある．

都農町での①3月26日の最初の発生原因と，②それ以降の発生原因とは，伝播形態が異なっている．

① 3月の最初の発生は，直接接触，飼料の輸送や単なる空気伝播ではないと判断される．なぜ突発的に起こったかは，汚染藁(わら)による伝播，旅行者の無意識の持込み等も推測はできるが，その証拠はない．したがって，既に述べ，また後述もするが，農水省の報告(疫学チーム，2010；検証委員会，2010)では，結局，伝播経路不明である．しかし，筆者は風による黄砂付着病原菌・ウイルスの輸送が原因であり，高い確率で黄砂であると推測している．

また，

② 次の都農町からの伝播は，藁等の飼料や人，車の移動による伝播も当然あり得るが，ほぼ一斉にある範囲内に発生しており，かつ国道 10 号線に沿って伝播し，同じ O 型のウイルスであることは，土埃，砂埃，微細物質に付着したウイルスの風による移動，すなわち，空気伝播が主因であると推測している．

この②については，複数の原因があることは間違いないと推測されるが，風による伝播が大きいことを強調しておきたい．

重要な①の口蹄疫伝播の発生源，移動元は，間違いなく九州外，国外であろう．すなわち，原因は黄砂以外にはないと推測している．

以上を要約すると，都農町での最初 3 月 26 日の口蹄疫の伝播の原因は黄砂であり，それ以降は地上風である．

4.2.4 中国からの黄砂による伝播の重要な裏づけ事実

さて，黄砂による宮崎県の口蹄疫の発生について，2010 年 5 月以降の研究による，より詳しい重要な発生源情報は，次のとおりである．

非常に重大な事実は，3 月 14 日に中国甘粛省(蘭州郊外)で感染力の強い豚口蹄疫(O 型ウイルス．豚は牛の 100〜2, 000 倍の感染力を有する)が発生したことである．この甘粛省での豚のウイルスが黄砂に付着して風下に輸送され，3 月 25 日の中国山西省の牛に口蹄疫を発生させた(3 月 15，20 日の黄砂で，潜伏期間を考慮)．そして，3 月 25 日の翌日 26 日に都農町の水牛(初発)に発生させたと推測できる．

甘粛省の感染力の強い豚の口蹄疫 O 型ウイルスが伝播源と考えられ，山西省と宮崎県の発生日の 1 日間差は，黄砂輸送の 1 日間の

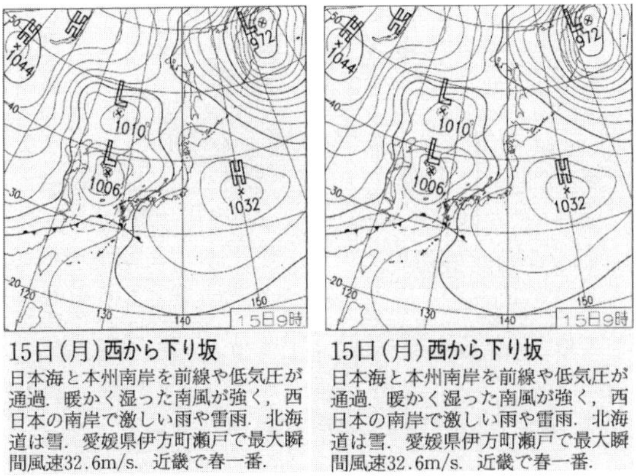
15日9時
15日(月)西から下り坂
日本海と本州南岸を前線や低気圧が通過．暖かく湿った南風が強く，西日本の南岸で激しい雨や雷雨．北海道は雪．愛媛県伊方町瀬戸で最大瞬間風速32.6m/s．近畿で春一番．
15日9時
15日(月)西から下り坂
日本海と本州南岸を前線や低気圧が通過．暖かく湿った南風が強く，西日本の南岸で激しい雨や雷雨．北海道は雪．愛媛県伊方町瀬戸で最大瞬間風速32.6m/s．近畿で春一番．

図-4.6　全国(九州全域)への黄砂飛来前日(2010 年 3 月 15 日)と当日(3 月 16 日)の 9:00 の天気図(天気，57 巻 5 号，2010)

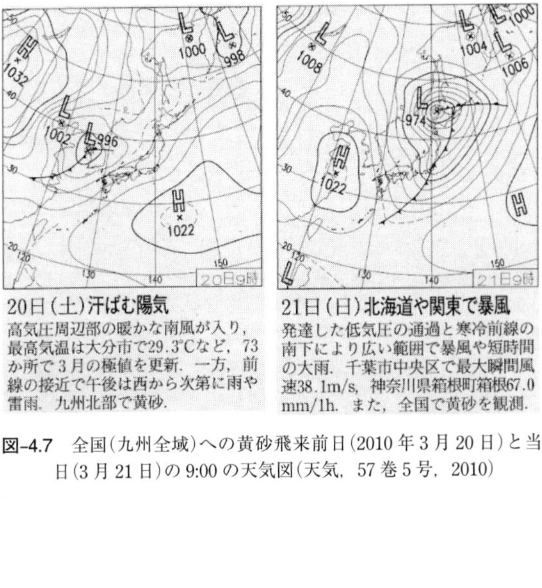
20日9時
20日(土)汗ばむ陽気
高気圧周辺部の暖かな南風が入り，最高気温は大分市で29.3℃など，73か所で3月の極値を更新．一方，前線の接近で午後は西から次第に雨や雷雨．九州北部で黄砂．
21日9時
21日(日)北海道や関東で暴風
発達した低気圧の通過と寒冷前線の南下により広い範囲で暴風や短時間の大雨．千葉市中央区で最大瞬間風速38.1m/s，神奈川県箱根町箱根67.0mm/1h．また，全国で黄砂を観測．

図-4.7　全国(九州全域)への黄砂飛来前日(2010 年 3 月 20 日)と当日(3 月 21 日)の 9:00 の天気図(天気，57 巻 5 号，2010)

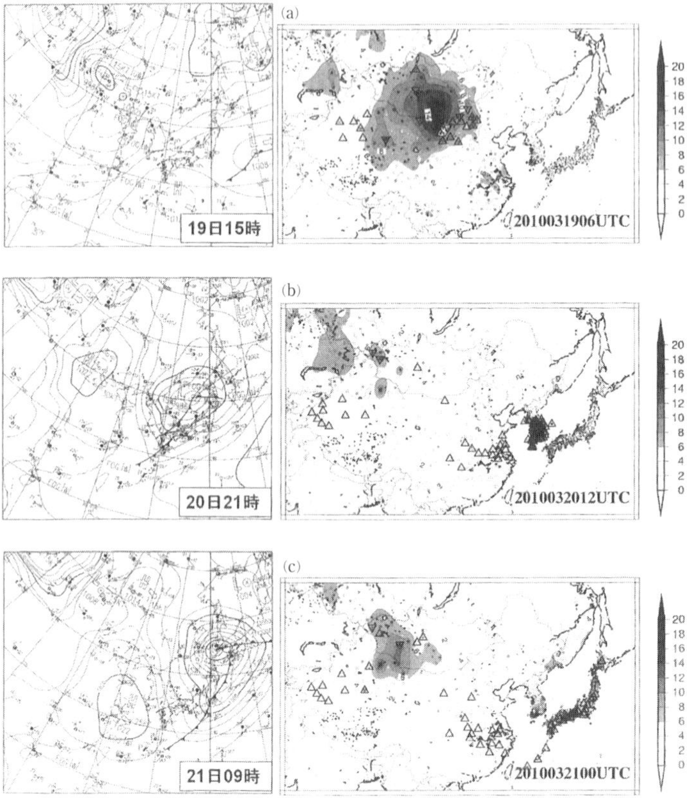

図-4.8　中国甘粛省での黄砂（砂塵嵐）発生と口蹄疫ウイルスの日本への輸送（西郷，2011）．(a)内モンゴルの最強砂塵嵐域の西部（図内の下向き三角印の8の領域で2番目に強い地域．甘粛省の口蹄疫発生地）からの宮崎への黄砂輸送，(b) 韓国全域で黄砂（九州では黄砂飛来直前の降雨），(c)日本での黄砂

輸送時間差をまさしく裏づけている．すなわち，この間の距離は約2,000 kmで，風速20 m/秒（地上1,000 m高を想定）では，ちょうど1日（24時間）の輸送時間である．日本へは前述したとおり3月

16，21 日の黄砂が伝播させたと推測される．

また，高低気圧，寒冷前線の移動状況を見ると，甘粛省を経由した空気塊は，九州への経路を取っていたことが推定される．以上は，非常に的確な伝播状況を表しており，ピンポイント的な裏づけデータである．なお，この時の天気図(**図-4.6，4.7**)，中国と日本の黄砂発生状況とその天気図(**図-4.8**)，および黄砂輸送シミュレーション(気象庁，環境省)(**図-4.9**)を示す．これらの図から明らかに輸送状況が推定できる．

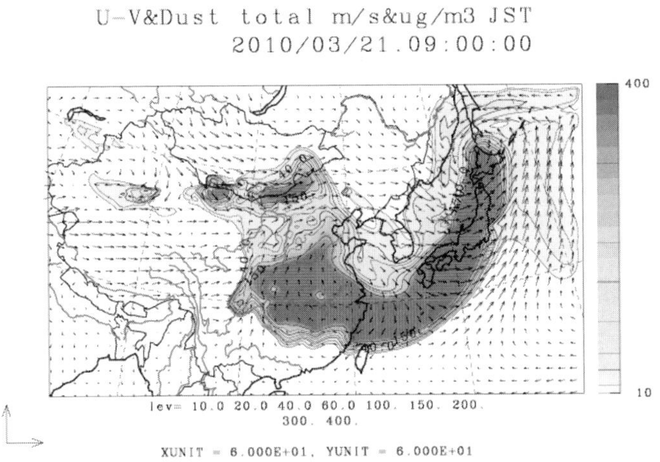

図-4.9　モデル計算による黄砂の分布図(10～400 μg/m^3)(環境省 HP，2010)

4.2.5　宮崎県での黄砂飛来の状況解析と気象的理由

a. 宮崎県の気象的特性　だが，今回の口蹄疫の発生がなぜ宮崎県のみであったのか疑問に思う読者は多いかもしれない．このことは，気象的には次のように解釈される．宮崎県は九州山地の風下側

図–4.10　九州の筑紫山地と九州山地

に位置(**図–4.10**)し，冬季，春季の晴天日は，季節風としての北西風が多い．一般的に山の風下側は，相対的に晴天が多く，乾燥し，かつ冬季，春季にはボラ(低温・乾燥風)，春季，夏季にはフェーン(高温・乾燥風)も吹きやすく，気温が下降，上昇することが多い．ただし，気温の下降，上昇は，特に口蹄疫発伝播に関連しないが，どちらかといえば低温の方が生存には有効である．

したがって，

① 雨陰沙漠(山の風下側での沙漠)と同じ現象が発生する．さらには，山の風下では吹き降ろし風，上空からの降下風が多くなる．つまり，黄砂の舞い降りが多くなる．このことが宮崎に当てはまる．この雨陰沙漠とは，特にアジア大陸内陸部，例えば，タクラマカン沙漠は北極海，太平洋，大西洋，インド洋から最も遠く離れており，風の吹く気流の流れる途中にある山脈の風上側でほとんど雨，雪を降らせてしまい，風下側が沙漠となっている現象である．これに比較的類似した現象が宮崎県でも冬季，春季に観測されるというわけである．

次に，

②　黄砂に関して，2010年の黄砂シーズンの最後の月，5月の九州7県(長崎，佐賀，福岡，熊本，大分，宮崎，鹿児島)の地域別黄砂発生状況について，黄砂が観測された日のみを対象に考察した．

まず，5月1日は熊本，宮崎，鹿児島のみの観測(10 km以上の視程：弱，以降，特に記述しない限りこの範疇)，3日は長崎以外の佐賀，福岡，熊本，大分，宮崎，鹿児島で観測(大分のみ，5〜10 kmの視程：強)，4日は長崎，佐賀，福岡，大分，宮崎，5日は佐賀，福岡，熊本，大分，9日は大分のみ，11日は熊本のみ，12日は佐賀，熊本，20日は佐賀，熊本(強)，21日は熊本のみ(強)，24日は熊本，宮崎，鹿児島，25日は宮崎，鹿児島で観測されている．

すなわち，観測日数で見ると，長崎1日，佐賀5日，福岡3日，熊本8日，大分4日，宮崎5日，鹿児島4日であり，熊本，宮崎・佐賀(同)の順である．なお，熊本が最も多いが，付近の工業地域等からの大気汚染の影響があると推測されている．また，観測された日のうち，5月3〜5日ついては北九州，南九州での差異は認められないが，5月1，24，25日では熊本，宮崎，鹿児島で発生し，特に25日では宮崎，鹿児島のみであり，北九州より南九州の方で，発生回数，発生確率が高かった．

なお，南九州では降水量が多いにもかかわらず，黄砂発生回数が逆に相当多いことは興味深く注目すべきである．さらに特に重要なことは，中国内での黄砂発生直前での降雨，および日本での黄砂発生直前には降雨があることであり，これらの場所での降雨が口蹄疫ウイルスを生存させ，伝播させる機会，可能性を高くする理由となっている．

また，九州北部は，5月9，11，12，20，21日は佐賀，熊本，大分での観測であり，長崎，福岡の北九州で観測されていなくても，背振山，筑紫山地の南部で発生が多いことが明らかである．なお，佐賀は北九州ではあるが，観測地の佐賀市は，背振山の南部であることと筑紫山地の風下としての意味が大きい．つまり，中部九州が相当多いが，筑紫山地の影響，すなわち雨陰沙漠の発生現象と共通する．

さて，宮崎は，筑紫山地，背振山の南方，さらに内陸の九州山地の風下側に位置し，雨陰沙漠的気候現象として説明がつく．以上のように，5月の短期間の簡単な解析だけでも，宮崎県で雨が降る条件下での黄砂の発生状況が相対的に多いことが理解できる．

ここでは5月を対象としたが，冬季，春季の北西の季節風および黄砂シーズン全体(2010年3〜5月)にすると，熊本14日，佐賀10日，福岡10日，宮崎9日の順で，特に宮崎が多いわけではないが，もちろん少なくもない．とはいえ，口蹄疫ウイルスの生存との関係では雨が重要であり，前述のとおり，3月16，21日の直前の雨と関連した黄砂が重要な意味を持つことになる．

都農町の発生が黄砂とすると，都農町とえびの市間70 kmは他県になっていても不思議ではない距離であるが，この場合は距離とは関係なく，えびの市の発生原因は感染牛輸送や汚染付着物輸送による伝染であり，黄砂とは直接関係ないと判断される．一方，宮崎県での黄砂による発生理由は，たとえ都農町–えびの市間が70 kmでも問題とならない広範囲の発生理由であり，もちろん，これは初発に及ぼす原因の説明にもなっている．そして，一度発生した後での他の家畜への伝播は，前述のとおり一般風が主因であると記述しておきたい．

b. 黄砂発生時期の気象特性　2010年，冬季，春季(3〜4月)の宮崎での黄砂観測日は3月16，21日，4月27，30日である．前述のとおり口蹄疫発生と関連が深い黄砂は，3月16日と21日であり，九州7県で観測され，特に21日は67地点中，63地点で観測された広範囲の長時間続いた強力な黄砂であった．

まず，3月16日の黄砂は，宮崎県の北から延岡，日向，宮崎，都城の気象データによると，黄砂前日の3月15日にはそれぞれ38.5，38.5(16日0.5)，41.0，23.0 mmの降水量(口蹄疫ウイルス生存の可能性を高める)があり，宮崎では大雨と記録されている．**図-4.6**左に示したように，寒冷前線を伴った低気圧の通過後の高気圧による晴天で黄砂が観測された．

延岡の最大風速と風向は，15日8.0 m/秒，南(南向きの風，すなわち南から吹く風)，黄砂当日16日11.9 m/秒，西，最大瞬間風速とその時の風向は，15日17.0 m/秒，南南東，16日20.0 m/秒，西で，相当の強風であった．

日向の最大風速と風向は，15日3.4 m/秒，南西，16日6.5 m/秒，東南東，最大瞬間風速と風向は，15日10.0 m/秒，東南東，16日13.4 m/秒，北であった．

宮崎の最大風速と風向は，15日8.6 m/秒，西南西，16日10.5 m/秒，西南西，最大瞬間風速と風向は，15日13.0 m/秒，西南西，16日15.2 m/秒，西南西であった．

都城の最大風速と風向は，15日6.0 m/秒，南，16日5.9 m/秒，西，最大瞬間風速と風向は，15日12.4 m/秒，南南東，16日14.1 m/秒，西北西であった．

4地点とも相当の強風で，概して西寄り(西北西～西南西)であり，中でも黄砂当日16日は延岡が最も強かった．なお，延岡は都農町からは，日向より幾分離れているが，宮崎，都城より近く，かつ気象的，地形的に類似している観測点であるため，延岡が典型的な気象値であり，この値を利用した．

次に**図-4.7**左に示すように，3月21日の黄砂前日3月20日には九州に低気圧が近づき，九州各地で降雨が観測され，延岡，日向，宮崎，都城でそれぞれ11.0，10.0，8.0，20.5 mmの降水量があった．**図-4.7**左・右に示すように，寒冷前線の通過後の高気圧による晴天で黄砂が観測されている．

延岡の最大風速と風向は，20日7.6 m/秒，西北西，黄砂当日21日15.8 m/秒，西，最大瞬間風速と風向は，20日15.3 m/秒，南西，21日24.2 m/秒，西北西であった．

日向の最大風速と風向は，20日5.9 m/秒，西，21日7.0 m/秒，西北西，最大瞬間風速と風向は，20日14.3 m/秒，西北西，21日13.7 m/秒，北西であった．

宮崎の最大風速と風向は，20日12.8 m/秒，西南西，21日12.2 m/秒，西，最大瞬間風速と風向は，20日19.7 m/秒，南西，21日18.6 m/秒，西であった．

都城の最大風速と風向は，20日8.7 m/秒，南南西，21日6.1 m/秒，西北西，最大瞬間風速と風向は，20日15.2 m/秒，南南西，21日14.2 m/秒，西北西であった．

4地点とも相当の強風であり，特に黄砂当日21日は延岡が最も強く，概して西北西～西の西寄りの風であり，延岡の値を黄砂発生時の代

表-4.1　延岡，

観測地点
観測期間／風向
3月16日～5月15日
5月16日～7月4日

表値として扱かった.

なお，この2日間では風向は西寄りが多くなっている．これは九州山地を越える場合，偏西風として西寄りになることを意味しており，特に宮崎では，霧島連山を回り込む風(西南西)に転向する傾向があるが，基本的風向は北西～西寄りである.

以上のように黄砂前日には降雨を伴うことが多いが，典型的なこの2例も降雨があり，かつ黄砂当日は西北西～西の相当の強風で，口蹄疫ウイルスの生存，伝播条件に適合している.

c. 宮崎県内での季節別風向の変化特性　黄砂が観測された3月16日以降，季節風が変化する時期，3月16日～5月15日まで61日間と，それ以降の5月16日から口蹄疫の感染が終わった7月4日まで50日間の延岡，宮崎，都城の風向頻度(**表-4.1**)を集計した．その結果，口蹄疫発生地点の都農町は，延岡と地形的に類似し，距離も幾分近いため，春季は北寄りの風が南寄りの風よりかなり多く，季節風の特徴を表し，かつ海岸に近いため海風の東寄りが多い．夏季は明確に南寄りの風が相当多くなり，かつ夏季の特徴の海風の東寄りもより顕著である.

したがって，春季，夏季での季節風変化の特徴をよく表し，その風による口蹄疫ウイルスの輸送，伝播が明確に示されている．すなわち，**図-4.11** に示す口蹄疫の伝染，蔓延状況を見ると，発生初期

宮崎，都城(気象台)の期間別風向分布(宮崎県の気候特性を考慮した区分)(単位%)

延岡				宮崎				都城			
北寄り	南寄り	東	西	北寄り	南寄り	東	西	北寄り	南寄り	東	西
39.3	27.9	19.7	13.1	29.5	41.0	21.3	8.2	54.1	42.6	0.0	3.3
14.0	**38.0**	36.0	12.0	26.0	50.0	20.0	4.0	50.0	48.0	2.0	0.0

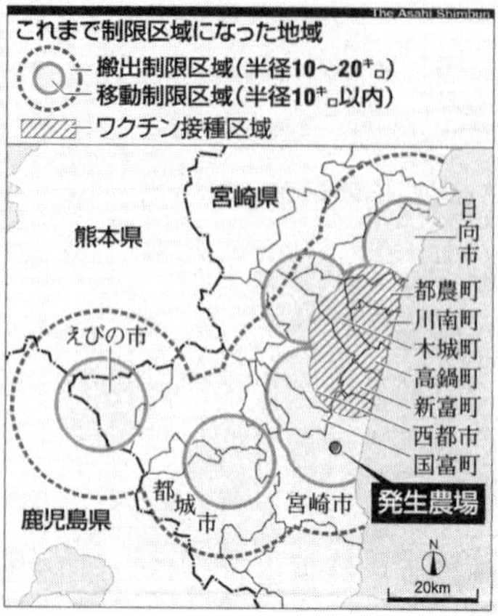

図-4.11　宮崎県の口蹄疫の伝播と蔓延状況（朝日新聞, 2010.7.27）

の北〜西寄りの風によって都農町→川南町→高鍋町→新富町→宮崎市北部→都城市北部への流れで伝播した．ただし，東は海のため，さすが愛媛県，高知県（東北東方向）までは伝播しなかったが，危険性はあった．そして，発生後期は，季節風の交代による南東風により国富町，木城町，西都市の西方向へ，また，都城市からは北寄りの風向とここでの東寄りの風向の影響で西方向および日向市の北方向への伝播方向をよく表している．

表-4.1 にあるとおり，宮崎市（気象台）では，春季に西寄り風（西南西〜西北西）が多い．西北西，西，西南西が約50%を占めており，具体的には霧島山の方向からの風が非常に多い．これは霧島連山を回ることで，一般的な北西風が西寄りに変化すると推測されるのは興味深い現象である．また，地形的に比較的広い宮崎平野で，かつ海岸寄りであるため，夏季の海陸風の発達が影響している．さらに，夏季（5月16日〜7月4日）には，南寄りの風向が一層多くなり，その特徴をよく表しており，北〜西方向への口蹄疫の拡散（引返し）と関連している．なお，九州は暖地であるため，2010年は季節を幾分早めた区分にしてある．

次に都城市（気象台）は，北北東と南南西の2方向に開けた地形であり，春季には明らかに北寄りが多く，夏季には北寄り，南寄りがほぼ同率で，内陸での風向特性を示す．発生後期の気象的特性を比較する場合は別として，発生初期の都農町等の海岸に近い地域とは距離も離れており，気象的には比較的関連は薄く，その説明は無意味である．

以上のように，口蹄疫の初発に関しては，主として近距離，地形的にも類似の延岡市(気象台)の風向，風速と比較した結果が最適であり，かつ蔓延理由の説明をよく表している．

4.3　黄砂飛来による口蹄疫ウイルス伝播の可能性

4.3.1　ウイルス生存への重要な気象的・化学的裏づけ

口蹄疫ウイルスは，気象的には50℃以上の高温，60％以下の乾燥，また強酸性，強塩基性に弱いとされる．黄砂は乾燥地で発生するため，口蹄疫ウイルスは直接外気に触れ，乾燥すると直ぐ死滅するとされており，確かに大部分のものは死滅する．

そのためウイルスは直ちに死滅すると思われがちである．黄砂，ダストの電子顕微鏡写真を見てみると，黄砂の表面(**図-4.12**)は凹凸があり，そこに発病した家畜(患畜)から出たウイルスが付着したと考えると，複雑な構造を持つ微小粒子物質の表面や割れ目やその内部には湿度や水分すら保たれ，いくらでも生存する条件が十分整っているといえる．

さらに，雨が降るなどして粘土鉱物等で被われたとすると，湿度60％以上，紫外線遮蔽条件の維持等のごく当たり前の環境が形成さ

図-4.12　（左）黄砂の電子顕微鏡画像（八田ら, 2009）．表面より5μmまでの最表面の化学分析が可能なエネルギー分散型分析電子顕微鏡 SEM-EDS．（右）石英表面における細粒物質（Gp：石膏）（八田, 2008）

れる．たとえ降雨がなくても，深い凹部に付着，侵入した口蹄疫ウイルスの生存に低温は問題ないので，かなり確率高く生存し得る環境が形成できる．黄砂は，タクラマカン沙漠から2〜3日，ゴビ沙漠からは約2日で日本に輸送される．黄土高原からではわずか1日であり，十分耐えられる時間である．

また，風による黄砂付着口蹄疫ウイルスの運搬に関しては上述のとおり低温，低日射，中性付近pH，特に高湿度が条件とされるが，飛来した黄砂の構成鉱物を調べると，石膏やアンモニウム硫酸塩鉱物等が存在する（**図-4.12**右）．これらは地表での生成物ではなく，上空で水（高湿度）が関与する反応で天然合成されたものであり，ウイルスが運ばれる湿度と中性に近いpH条件は十分保たれると考えられ（**図-4.14〜4.18**参照）（八田ら, 2009），高湿度，中性付近の制限条件は十分クリアできる．

さて，上空に上がった状況下では，紫外線も微小粒子物質の割れ目に入いっていれば，難なく逃れられ，黄砂粒子の周辺が乾燥したままであっても，上空で雲粒（霧粒）や降雨にでもあえば，さらに好適環境に保たれてウイルスは生存し，やがて宮崎(都農町)付近で降下し，地上に落下して家畜に伝播した可能性は大である．1粒の雨粒に100個余の黄砂粒子が捕獲されて降った観測事例があり，上空では雲がある場合には水蒸気で飽和され，また雨粒に取り込まれることはいとも簡単に，そして頻繁に起こる現象である．雨として降った場合，黄色い雨水となり，溜まった雨水の底では黄砂が多量に採集できる．その水を家畜が飲む，あるいは雨水に濡れた牧草を食べる，舐(な)めるなどはよくある状況である．

もちろん，口蹄疫が確率高く生き延びて飛来すると言い切れるわけではないが，逆に生きて飛来する可能性を全く否定できるわけでもないと考えられる．これが2000年から10年振りの口蹄疫発生を意味している．生きたウイルスが日本国内に飛来するチャンスはかなり高いと考えられるが，だからといって発病のチャンスが高いとは言い切れない．つまり，頻発するわけではないが，可能性があることの説明である．

これまで述べてきたとおり，黄砂の前，多くの場合，高い確率で前日，当日に雨が降る(**図–4.6，4.7**)．換言すれば，寒冷前線が通過した後に黄砂が飛来することが多い．水分の補給のチャンスは，相当あるということである．確率の高い現象，低い現象でも，統計的な発生確率を見ていけば，発生確率は高くはないが，当然あり得る伝播現象でもある．

中国，モンゴルからの黄砂飛来は，もちろん，風の吹き方，すなわち，高・低気圧，寒冷・温暖前線，地形等が複雑に絡んでくる．そして，どの汚染地域で巻き上げられ，どのような飛行ルートで輸送され，生きたウイルスが宮崎に落下したかは非常に興味深いことではあるが，明確には解明されていない状況である．気象的にNOAA(米国・海洋大気局)の研究を参考に飛来軌跡，流跡線を辿るなど，今後の研究が期待されるとしていたが，ここで黄砂飛来源の後方追跡経路[落下・着地地点から逆に飛来・舞い上がり地点の推定法(trajectory)]結果を**図-4.13**に示した．3月15，16日と3月20，21日には甘粛省から宮崎付近に着地している状況が見事に表示されている．なお，3月16日では鹿児島に近いが，黄砂は宮崎，鹿

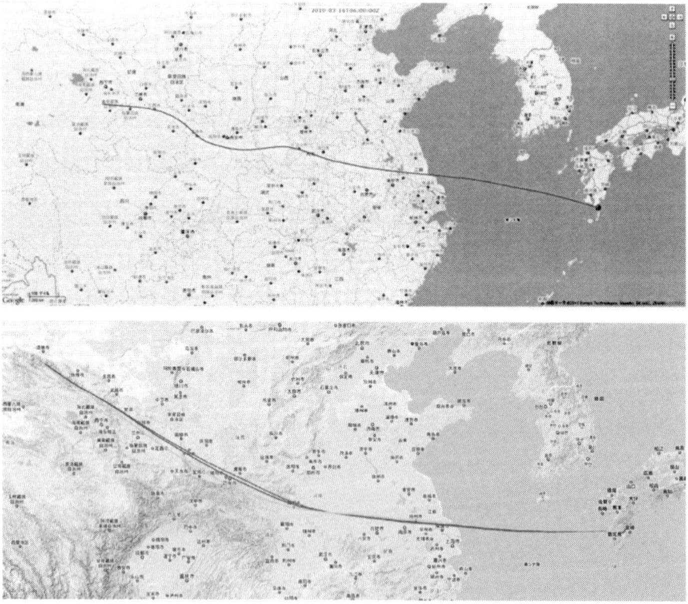

図-4.13　(上)2010年3月16日，(下)3月21日．宮崎付近に飛来した黄砂の発生源地域からの輸送ルート(星野，2011)[NOAAの大気移動逆軌跡解析法による算定結果(酪農学園大学・星野仏方氏の好意による)

児島とも 3 月 16 日はもちろん，21 日にも観測されている．

4.3.2 黄砂の表面の鉱物特性

黄砂の採集は，沖縄県西原町の琉球大学屋上に設定したハイボリューム・エアサンプラー(**図-4.14**)で実施した．筐体内下部にあるモータで**図-4.15**，**4.16** に示す濾紙の上側に黄砂が採集できるように下方へ空気を吸引し，濾紙の表面に黄砂を吸着させて採集した．つくばと沖縄の黄砂サンプリングの表面状況が示している．**図-4.17** には黄砂の鉱物組成の事例を示した．種々の鉱物があり，バルク(全量)，20 μm 以下，および細粒子粘土の粒子別の鉱物の種類が解析されている．その時の粒子別の化学組成を**表-4.2** に示す．いずれも Si が半分程度を占めており，その他 Al，Ca，Fe，Mg，K が多く，

図-4.14 沖縄(琉球大学農学部屋上)の黄砂収集装置(柴田科学社製ハイボリューム・エアサンプラー)

図-4.15 実態顕微鏡画像(八田ら，2009)

図-4.16　黄砂収集装置で収集した黄砂の付着状況を示す光学顕微鏡写真(八田ら, 2010)

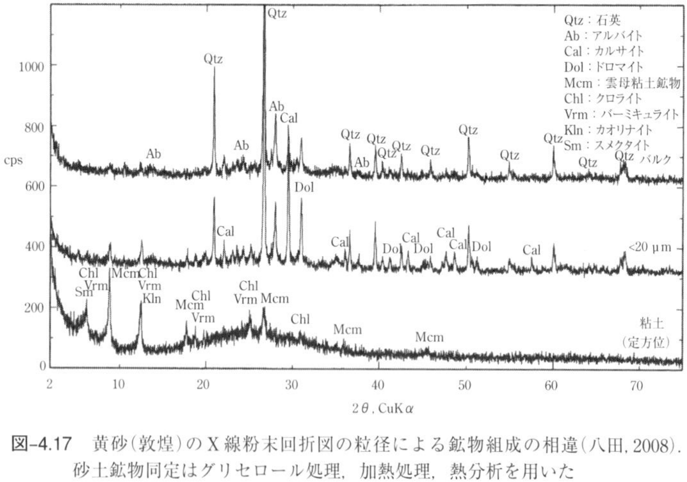

図-4.17　黄砂(敦煌)のX線粉末回折図の粒径による鉱物組成の相違(八田, 2008).
砂土鉱物同定はグリセロール処理, 加熱処理, 熱分析を用いた

Ti, Mn, Na, P, Sもかなり存在する．すなわち，黄砂はこれらの鉱物から形成されている．また，**図-4.18**に琉球大学屋上での蒸

表-4.2 黄砂の粒径による化学組成の相違(重量%)(八田, 2008)

	バルク	＜20μm	粘土
SiO_2	58.70	52.30	48.52
TiO_2	0.53	1.08	1.02
Al_2O_3	10.59	11.81	17.92
Fe_2O_3	5.16	6.81	12.95
MnO	0.12	0.15	0.28
MgO	5.73	4.09	7.44
CaO	14.15	19.55	5.63
Na_2O	2.34	0.66	1.26
K_2O	1.98	2.59	4.43
P_2O_5	0.47	0.56	0.44
S(SO_3)	0.23	0.41	0.12
	100.00	100.00	100.01

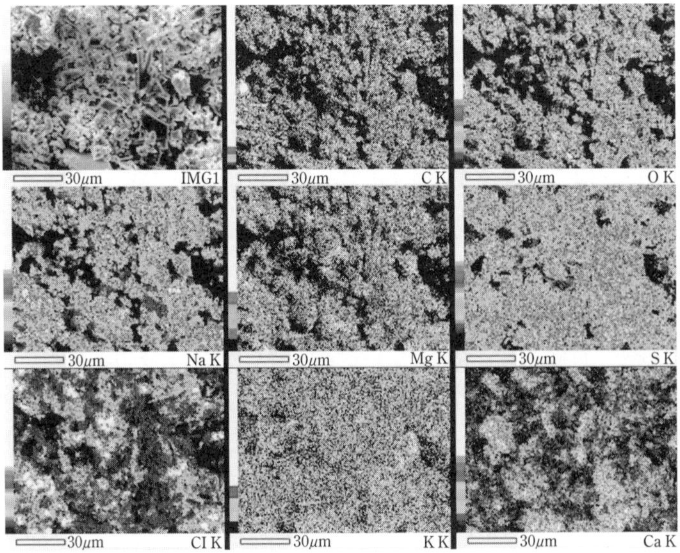

図-4.18 SEM-EDS による濾過溶液の蒸発乾固試料の元素分布(八田ら, 2010)(琉球大学農学部屋上での採集黄砂. 2008 年 3 月 2〜4 日)

発乾燥固化試料の元素分布を示すが，Mg，Ca 等が存在することがわかる．なお，沖縄では東シナ海からの海水，塩分の影響があり，Na がかなり多く観測されている．このことが現在問題になっている中国東部大都市からの大気汚染物質を，つまり，海水や高湿度によって黄砂と大気汚染物質を変質させている情報となる．五島列島で観測された光化学オキシダントの発生とも関連することで，この黄砂サンプルからも推測できる．

4.4 猛烈だった口蹄疫の発生経過，伝播の理由，対処方法

4.4.1 口蹄疫の伝播

2010 年 4 月 20 日，都農町で第 1 例の牛口蹄疫が確認されたのに引き続き，川南町を経て，蔓延状態となった．その間，飼料，牧草，家畜等の移動，そして人，車両等の移動が推測され，それらが媒体となる伝播は当然考えられるが，それらが原因との確証は発生時にも得られず，蔓延状況が終わった後も，伝播経路，原因は不明との農水省の報告(疫学チーム, 2010)がある．

気象関係者，特に口蹄疫，麦さび病関係を気象的に扱う研究者にとって，黄砂，風を考慮しないことは全く不可解であり，最初から空気伝播を否定しているように思われる．この状況は，筆者にとっても奇異にしか映らないし，偏見があり，そのため歪んだ結果が導かれていると判断している．それは，今も強く思っている．

原因が何か，なぜかを考える時，空気伝播とは，例えば，風邪に罹った患者(人)のくしゃみや唾液の飛沫が空気中に飛び，それが直

接別の人の呼吸器から侵入するという直近の形態のみを思い浮かべるのであろうか？　同じ室内，同じ牛房，同じハッチにつながれた家畜間での形態のみを考えているのであろうか？　特に，口蹄疫感染動物の気道からエーロゾル（気体の媒質中に固体や液体の粒子が多数浮遊）の状態で排出されるウイルスは，直近の空気（飛沫核）伝播を起こしやすいとされる（小野, 2010；津田, 2010）．そのうえに，もう少し遠い距離，例えば，数 km，10 km 等を考える必要がある．

フランスから英国へ，イギリス海峡やドーバー海峡を越えて霧，多湿の条件下で 100～270 km の伝播が報告されている（山内, 2010；村上, 2010；白井, 2010）．梅雨期の宮崎市佐土原あるいは新富町から都城市北部への伝播は約 20 km であり，高温，多湿の環境下では十分あり得る距離である．もちろん，頻繁に起こることではないが，空気伝播を否定する理由には全くと言ってよいほどならない．

また，**図-4.19** に示すように，伝播原因として風と鳥は 22% とかなり大きい比率であり，今回，宮崎県内における風による拡散，蔓

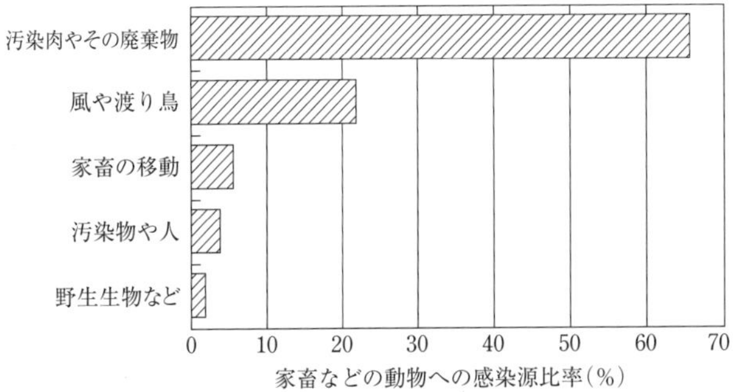

図-4.19　口蹄疫の感染源による発生比率（米農務省）

延は十分理解できる.

4.4.2　口蹄疫蔓延の気象的考察

地上付近での空気伝播は，塵埃，土・砂埃，体毛，皮膚落下微小物質，大気汚染物質，微小・微細粒子物質を介しての媒介，移動が可能であり，それも空気伝播と考えている．すなわち，春季3～5月，都農町，川南町，高鍋町，新富町，宮崎市，都城市への南方への伝播である．この主因は，繰り返しになるが，明らかに春季の北西風による輸送であると推測される.

その後，季節(モンスーン，季節風)の変化で，主として高気圧性，晴天日の南東風によって木城町，国富町，西都市，都城市，日向市に拡散，拡大していったと考えられる．なお，えびの市は牛の移動に原因があり，除外した.

4月以降の宮崎県内での伝播の状況を相当明確に解説できると思っている.

4.5　防除処理問題と空気伝播情報処理問題

予防，対策の欠陥として，まず，

① 口蹄疫発生の事前の情報による予防・防除指導について畜産農家等に事前の連絡が行われなかった．すなわち，都道府県に対して通常の通達は出したとされるが，農家には伝わっていなかった問題がある.

具体的には，防風林の有効利用(畜舎周辺での森，林の活用)，生水を飲ませないことへの無指導，未発生地域での石灰等による予防対策の欠如，等である．

そして，

② 発生後は，大型噴霧防除機，スピードスプレヤー，場合によってはヘリコプターでの散布が必要であった．韓国では1月の口蹄疫に対して大型機械で早期に対応し，比較的少ない殺処分になったと思っている．特に，口蹄疫が相当程度の確率で空気伝播することを考慮すると，小型の薬剤散布機では非常に不十分であったと思うとともに，基本的な認識不足であったと思っている．なお，飛び地のえびの市では小型ラジコンヘリコプターで薬剤散布を行い，効を奏したとされる．

また，今回は，5月初旬は既に限界で，ワクチン接種に踏み切らなければならなかったと筆者は思っていた．対応に苦慮したことは理解できるが，実際は相当遅く，5月22日から実施している．また，5月18日に宮崎県は東国原知事名で非常事態宣言を出しているが，これも相当遅かった．筆者は5月初旬には出すべきだったと思っていた．

口蹄疫の空気伝播について繰り返すと，微細な土埃，砂埃，浮遊物質等に付着して風で輸送され伝播する．そして，感染家畜およびそのウイルスの生存により，この状況がかなり長期間続いた．したがって，宮崎県内では空気伝播が相当影響したと考えられる．風の重要性については，あまりにもなおざりにされており，警戒への認識不足と対応の甘さがあったと思っている．すなわち，今後は黄砂時の予防，そして，常時，風による伝播の防止対策が不可欠である．

さらには，4月29日，現地調査団は，都農町の口蹄疫発生に関し，

「大型搬送車両がウイルスを持ち込んだ可能性は薄く，また風による伝播の可能性も薄い」と発言している．大型車両が入れない都農町の細い山道の農場ではそうであったかもしれないが，その発言は，その農場に限定したことである．外国からの最初の侵入農場の確認間違いや，口蹄疫発生の本来の原因ではないが，調査直後の状況下でのこの発表は，結果的にマスコミ関係等に，宮崎県の周辺での風による伝播の可能性まで否定する発言と受け取られ，マスコミの無理解，不十分な解釈により，そのことがまことしやかに流布してしまい，気象関係からの情報提供の機会を失ったと思われる．したがって，結果的には不適切な発言であったと筆者は思っている．

4.6 黄砂と口蹄疫との関連研究による新事実

筆者らが沖縄，福岡，つくばにおいてハイボリューム・エアサンプラーで黄砂を同時に採集して分析した結果，3地点とも黄砂採集濾紙に口蹄疫ウイルス付着の可能性があることがわかった(**図–4.14～4.18，表–4.2**)(山田，2009；Shi *et al.*，2009；礒田ら，2009)．これは，筑波大学で新しく開発したDNA鑑定法(**図–4.22～4.24** 参照)で，初めて実施したものである．すなわち，国内3箇所(福岡，沖縄，つくば)で採取したすべてに口蹄疫ウイルス付着の可能性があることは，黄砂により口蹄疫ウイルスが付着輸送される可能性を意味する(**図–4.20**)．ただし，口蹄疫ウイルスの生死は確認できない鑑定法で，殺菌した状態で鑑定している．

近々には生きたウイルスが確認できることを期待しているうちに，

皮肉にも筆者が考える黄砂輸送による生きたウイルスが宮崎に伝播し，発生，生存し，拡大，蔓延したわけである．この事実をどのように考えるべきであろうか．繰り返すが，伝播経路は不明との報告である．黄砂が伝播経路である可能性は考察されたのであろうか．筆者は黄砂・風輸送を主張しているが，直接のウイルス(疫学)関係者が黄砂および特に地上風による拡散，蔓延について，気象学者を加えて詳しく検証した事実はないと思われる．

THE JAPAN AGRICULTURAL NEWS
日本農業新聞
2011年 6 12

昨年発生の口蹄疫
黄砂がウイルス運搬か
日本砂漠学会
否定的見方も

図-4.20　口蹄疫は黄砂が原因とされる可能性を示す新聞記事（日本農業新聞，2011. 6. 12）

なお，韓国とアメリカの共同研究で黄砂サンプル中のウイルス鑑定を行い，ウイルスが確認できなかったことを公表している．単に観測サンプルの黄砂中にウイルスが確認できなかったまでのことで，黄砂が輸送しないとの証明には何らなっていない．口蹄疫が発生している状況下の風下でサンプルを採集して解析しなければ，あまり意味がないと考えられる．日本では10年振り，10年経って初めて発生したものである．韓国では2002年から8年振りである．毎年発生しているわけでもなく，韓国でのサンプルに口蹄疫ウイルスが入っていないことは当然あり得る．

韓国で発生した口蹄疫の日本への口蹄疫伝播は黄砂によってはあり得ない．つまり，中国から直接飛来する黄砂によってはあり得ても，それは韓国を経由することではなく，韓国の上空を通って飛来する伝播である．また，地上風では，韓国の日本海寄りの地域での大発生であれば，海峡間は約 200 km であるので，伝播の可能性はわずかにあるが，距離と気象条件，および地上から舞い上がる黄砂のような媒体の少なさ(浮遊物が少ない)から考えて可能性は低い．もちろん伝播しないわけではないので，もし発生した場合には注意は必要である．

なお，筆者らは，2010 年 5 月 1 日，モンゴル政府および日本の植物防疫所での許可を得て正式に黄砂を持ち帰り，現在鑑定中である．また，中国からの黄砂は，中国政府の許可および同様に日本の植物防疫所を通して 6 月 29 日に受領している．これらについても，口蹄疫ウイルス付着の有無について解析，確認中である．

4.7　黄砂に付着した口蹄疫ウイルス検出法

黄砂に付着した口蹄疫ウイルス(FMDV)検出法の確立の試みについて述べる．口蹄疫の同定に関しては，礒田ら(2010)(山田, 2009；Shi *et al.*, 2009；森尾ら, 2011)による次の記述がある．以下，主要部分を引用する．

4.7.1　序　　論

口蹄疫(Foot-and-Mouth-Disease：FMD)はウシ，ブタ，ヒツジに感染する伝染病で，一本鎖 RNA ウイルスである FMDV(FMD Virus：FMDV)が病原体である．日本を含む東アジアにおいては，

1990 年代後半まで半世紀以上も発生例が報告されていなかったが，1997 年の台湾での大流行を皮切りに，1999 年で中国，2000 年にモンゴル，韓国，日本(北海道，宮崎県)，ロシアで感染例が報告された(Sakamoto & Yoshida, 2002)．FMDV にはヨーロッパおよびアジアで見られる O，A，C，Asia1，アフリカ南部で見られる SAT1，SAT2，SAT3 の 7 つの血清型が存在するが，上記の感染例はいずれも O 型であった(Sakamoto & Yoshida, 2002)．その後，東アジアでは感染例が幾つか報告されるようになっているが，最近では 2010 年 1 月の韓国，中国において A 型ウイルスの感染例が報告されている．日本においても宮崎県で 2010 年 4 月 20 日に 1 例目の疑似患畜が確認されて以来，3 ヶ月にわたって蔓延し，約 29 万頭のウシ，ブタ，ヒツジ，ヤギの殺処分を余儀なくさせ，大きな損害を与えたことは記憶に新しい．

FMDV の感染経路，特に最初の感染例を引き起こしたウイルスがどこからどのようにしてやって来たのかについては多くの場合明らかになっていない．ウイルス等の病原体の長距離にわたる伝播の手段のひとつである風による伝播においては，黄砂を含む浮遊微粒子の表面に病原性の微生物･ウイルスが付着し，これがベクター(運搬媒体)として機能することにより感染性を長く維持でき，広範囲の伝播を助長する可能性が考えられる．特にウイルスの場合，微生物における胞子のような乾燥や極度の高低温に対する耐性を持つ構造体を作ることができないため，この効果はより大きいと考えられる．近年，日本における黄砂の観測日数の増加傾向が見られ，2000 年代に特に顕著となってきていることから(**図-4.21**)，黄砂を介した病原体の伝播の可能性と実態について正しく評価し，具体的な防

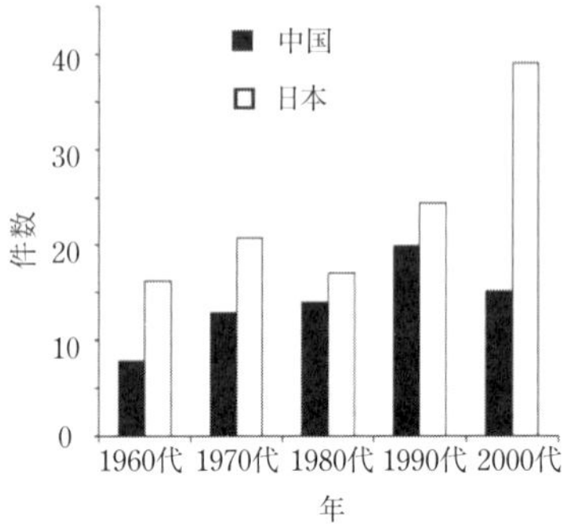

図-4.21　中国と日本における黄砂の10年別平均の年間観測件数(Shi *et al.*, 2009)

疫対策を講じる一助とすることが重要である.

こうした評価を行うに当たっては，実際に黄砂粒子上に病原体が付着しているかどうか，それらが感染性を持っているかどうかを検出することが第一歩である.感染した動物およびそれらの組織，細胞，体液，排泄物，付着物等から病原体を検出する方法としては，培養細胞等を用いた生物学的手法，免疫化学的手法，そして核酸ハイブリダイゼーション，あるいはPCR法を用いた分子遺伝学的手法が用いられてきた(OIE, 2008). しかしながら，黄砂試料においてはこれらの病原体の密度がきわめて低いため，より高い感度と特異性を持った検出法の確立が必要である.

我々(筆者含む)の研究グループでは，RT－PCR(リアルタイム・ポリメラーゼ連鎖反応)法による黄砂試料からの口蹄疫ウイルスRNA検出法を開発し報告した(Shi *et al.*, 2009). 本研究は先行研究の手法をさらに改良し，黄砂サンプルおよび中国，モンゴルの土壌サンプルにFMDVが含まれているかどうかを調べるものである.

4.7.2　実験方法，結果，考察

FMDVは5' 側，3' 側(遺伝子配列)にそれぞれ約1, 300塩基，90塩基の非翻訳領域(untranslated region：UTR)および約7, 000塩基

の1つの連続したタンパク質コード領域(open reading frame：ORF)を持つ約8,400塩基の＋鎖一本鎖RNAからなる(**図-4.22**)(Carrillo *et al.*, 2005). 3'－UTRの末端にはポリ(A)鎖を持っている. 5'－UTRは, ウイルスの複製ならびにORFの翻訳の調節に関わっている. この領域の塩基配列はウイルス分離株間での保存の度合いが低いものの, 翻訳開始点付近に比較的配列が保存されている約500塩基からなる配列内部リボソーム進入部位(internal ribosome entry site：IRES)が存在する(**図-4.22**)(Carrillo *et al.*, 2005). ORFは1本のポリペプチドとして翻訳された後, 12種14本(3Bタンパク質は3本)のタンパク質に切断される(**図-4.22**). これらのタンパク質のうちウイルス構造タンパク質である1D(キャプシドタンパク質VP1)は分離株ごとの変異が特に高く, 各血清型の抗原性の差異の原因の一つとなっている(Jackson *et al.*, 2003). 一方, Carrilloらによる133の分離ウイルス株の核酸･アミノ酸配列の比較研究において, これらのうちウイルス構造タンパク質1A, 非構造タンパク質2B, アミノ酸配列特異的プロテアーゼ(タンパク質切断酵素)3C, RNA依存型RNAポリメラーゼ3Dをコードする遺伝子が高い配列の保存性を示すことが明らかにされた(Carrillo *et al.*, 2005).

先行研究で我々は黄砂試料に付着するFMDVのリアルタイムRT－PCRによる検出法を報告した(Shi *et al.*, 2009). 保存性の高い3D領域の配列をもとにSáizらが設計したプライマーA, B, および新たに設計しプライマーC, Dの2組を用いた(**図-4.23**)(Sáiz *et*

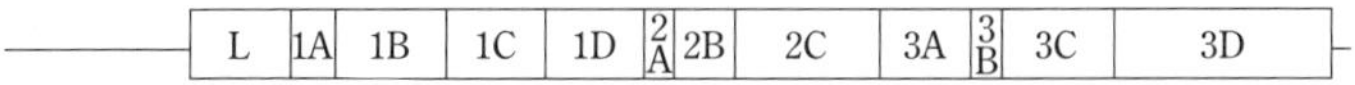

図-4.22　口蹄疫ウイルスの特徴的なゲノム構造(磯田ら, 2010；森尾ら, 2011)

al., 2003；Shi *et al*., 2009).

3種類の黄砂試料より抽出したRNAよりオリゴ(dT)プライマーを用いて逆転写したcDNAを鋳型にプライマーAとBの組合せでリアルタイムPCRを行い，次いでその増幅産物を鋳型にプライマーCとDの組合せでPCRを行った．その結果，黄砂試料より特異的なPCR産物の増幅が検出されたものの，一部の試料由来の増幅曲線に異常が見られること，プライマーCとDの組合せのPCRの最終産物をアガロース電気泳動したところ，予想される149 bpの増幅産物が見られなかったことが指摘された(Shi *et al*., 2009).

本研究では上記の問題点を解決のため，3D領域およびIRES領域を増幅するプライマーを新たに作製するとともに，逆転写の際にオリゴ(dT)プライマーに加えてランダムプライマー(dN_6)を用いて鋳型cDNAを作製した．現在，日本で採取した黄砂サンプルおよび中国，モンゴルにおいて黄砂の供給源とされる地域の土壌サンプルを用いてこれらにFMDVの検出を進めている．

(3Dタンパク質領域のプライマーA～Dの配列，図は一部省略)

図-4.23　口蹄疫ウイルス検出用PCRプライマーでの3Dポリメラーゼコード領域のプライマー(山田, 2009；磯田ら, 2010)

4.7.3　リアルタイム PCR 法による黄砂付着口蹄疫ウイルスの検出

筆者を含む論文(Shi *et al.*, 2009)から引用する．**図–4.24** にリアルタイム PCR による黄砂サンプルから口蹄疫ウイルスの特異的な増幅の RNA の検出状況を示す．

2008 年春季の異なる 3 期間に沖縄，福岡，つくばにおいて採集した黄砂サンプル S1，S2，S3 に口蹄疫ウイルスが含まれているかどうかを明らかにするため，X 線光電子分光 XPS 法(最表面化学物

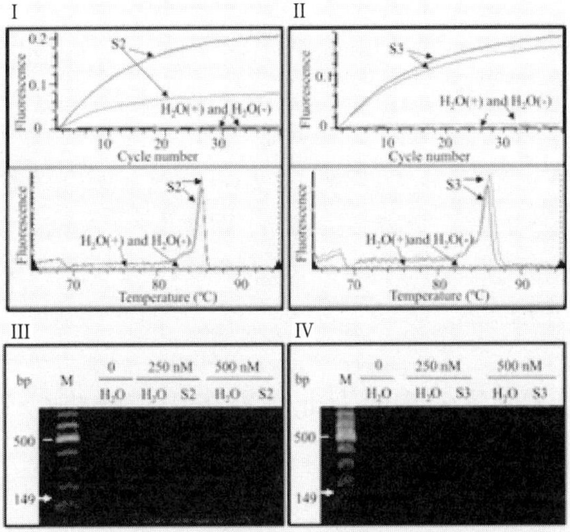

図–4.24　リアルタイム PCR 法による口蹄疫ウイルス 3D 遺伝子断片の増幅産物の検出(Shi *et al.*, 2009)．プライマー C，D の PCR 反応(Ⅰ，Ⅱ)(縦軸：蛍光量，横軸：周波数，温度)，プライマー C，D のアガロースゲル電気泳動解析法による 149 bp バンドでの特異的増幅の検出(Ⅲ，Ⅳ)

質分析計)とリアルタイムPCR法を用いて分析した.

まず, S1の表面物質特性をXPSで分析したところ, バルク試料にない有機体窒素を検出したことから(八田, 2008), S1に生体物質が付着している可能性が示唆された.

次に, 口蹄疫ウイルス3Dポリメラーゼ遺伝子を特異的に増幅するプライマーAとBを用い, リアルタイムPCR解析を行った結果, 除菌した水にも黄砂サンプルに由来したcDNA溶液にも増幅が検出されたが, これらの溶融曲線はS1〜S3で異なった.

さらに, S2, S3のPCR産物を内側プライマーCとDで確認した結果, 149 bpバンドにおいて特異的な増幅を検出した. しかしながら, アガロースゲル電気泳動による解析ではこの増幅産物のバンドは検出できなかった.

したがって, 黄砂表面からの微量ウイルスを検出する際, リアルタイムPCR解析法の検出感度はアガロースゲル電気泳動法より高いことを例証したことになる. また, リアルタイムPCR解析により黄砂試料表面に口蹄疫ウイルスが付着していた可能性を示唆する初めての論文である.

4.8　2000年の宮崎と北海道での口蹄疫の発生と伝播

1902年の口蹄疫発生から実に92年振りに日本で口蹄疫が発生した.

2000年3月12日, 宮崎で2戸の農家で25頭, 5月11日, 北海道の農家で2頭に発生し, 740頭の殺処分で終息した. 分離されたウイルスはO型で，O/JPN/2000株と命名された．これはモンゴル，ロシア極東部，韓国での発生ウイルスと近縁であった．特に1999年の台湾と非常に近縁であった．

さて，農林水産省の疫学調査検討会と調査チームにより国内侵入伝播経路の調査を行い，種々の可能性が検討されたが，最終的は初発農場の牛に与えていた中国産麦藁が侵入源として最も可能性が高いと結論づけられた．一応このようになっているが，筆者はそのようには結論づけていない．

2000年，中国，モンゴル，ロシア極東部，韓国，日本(宮崎，北海道)での長距離間の同時発生は，どう考えても大気循環による中国，モンゴルからの黄砂輸送に原因すると考えた方が理解しやすいと推測されるからである．

黄砂シーズンの中であり，3月12日の宮崎市(九州山地の風下)での口蹄疫発生は，3月7日の黄砂(宮崎)が原因であると推測され，潜伏期間5日としての12日の発病である．なお，3月7日の宮崎(気象台)の黄砂時の気象は，最高気温19.0℃，最低気温6.1℃，平均湿度45%，最小湿度14%，最大風速7.5 m/秒，風向西，瞬間最大風速14.6 m/秒，風向西で，9～12時に黄砂が観測され，視程は9時8 km，12時10 kmであった．降雨は黄砂の前日6日，当日7日ともなく，降水量は口蹄疫発生の前日11日38.0 mm，当日12日2.0 mmであった．これらの降水は，口蹄疫ウイルスの生存に有利な影響があったと推測される．

一方，5月11日，北海道本別町(日高山脈の風下)での発生は，4月8日の黄砂(旭川)の可能性がある．2000年の北海道での発生はこれ1回で，発生日までの期間が開き過ぎるが，この黄砂が影響した可能性は否定できない．また，2000年の口蹄疫は弱毒性で，外部に顕著な症状が出ずに保菌したまま治癒したことも考えられる．治癒してもウイルスは放出されるため，次に感染した可能性もある．しかし，あくまで推測でしかない．この北海道の場合は，黄砂による伝播よりも，宮崎県から牛を導入していた畜産農家の牛2頭に陽性が発見されたことに重きをおけば，家畜輸送による伝播と考えた方がより妥当であると考えられる．

この2000年の弱毒性の口蹄疫は，種々の条件のもと蔓延させることなく抑え込んだ事例が，かえって2010年の強毒性の口蹄疫の予防，防疫において関係者を油断させ，逆効果となったようにも推測される．

4.9 韓国での再発生と北朝鮮での発生

2010年11月26，28日(確定診断日29日)に韓国で再度口蹄疫が発生した．新たな発生，あるいは韓国内に潜伏していた口蹄疫ウイルスによる再発なのかは明確ではない．ウイルスは条件が良ければ2〜3ヶ月は生存可能であるので，再発の可能性もある程度推測できるが，この場合は，それよりも新たな輸送，伝播と考えた方が無難であると思われる．そこで発生原因地点を探してみると，モンゴル・ケンティー県での11月7日の牛でのO型口蹄疫が原因と確率高く推測される．

2010年は，日本ではここ50年来初めての秋季，冬季ときわめて珍しい黄砂の多い年であった．2010年11月12〜15日の連続4日間の黄砂(韓国でも発生)に起因していることが推測される．なお，口蹄疫は2011年2月25日に一度治まり，4月17日，韓国南東部寄りの永川市で豚に再発生し，4月22日までに3例報告され経過，継続中であった．この4月の再発は，3月19～22日，韓国中心に強い黄砂(特に19～20日)があり，その黄砂が影響している可能性が大きい．すなわち3月19日，中国内モンゴル最北西端(モンゴル国境沿い)で発生の豚の口蹄疫ウイルス(O型)が明らかに原因と推測される．

なお，韓国では3月21日時点で牛15万頭，豚332万頭，計約348万頭の殺処分につながっており，悲惨な大惨状となっている．だが，2011年7月4日現在，ワクチン接種清浄国ステータスの取得を目指している．今後が注目される．

そして，北朝鮮南西部4地点では2011年3月2～25日にO型(牛豚不明)口蹄疫が発生している．このうち，3月25日頃の発生は，韓国と同時期の3月19～22日の黄砂の可能性がある．しかし，何しろ情報不足である．

4.10 口蹄疫侵入防止のための黄砂軽減対策

黄砂による口蹄疫の伝播は，単発的発生，あるいは同時多発的発生が予測される．黄砂からの伝播を防ぐ対策は完璧ではないが，対応可能な幾つかの方法を記述する．

① 黄砂飛来時には放牧家畜を屋内に入れることである．いわゆる野晒しを避ける意味で重要である．ウインドレス等の密閉した屋

内施設があれば，それに超したことはない．発生限界ぎりぎりであること（最近では口蹄疫発生が韓国，日本で8〜10年程度間隔）を考慮すると，わずかな黄砂軽減効果でも意義が大きい．室内は換気施設があることがより望ましい．少しでも黄砂を防ぐことができれば，相当大きい機能を果たすことになる．

② 雨水の溜水（生水）を飲ませない．黄砂は雨に取り込まれて落下する（大気汚染物質は湿性沈着）し，黄砂自体も乾燥条件下で落下する（乾性沈着）ためである．雨粒1つに100余個の微小黄砂粒子が取り込まれていた観測事例もある．特に黄砂直前の降雨に注意が必要である．一般水道水や地下水であれば，生水でも問題はない．

③ 防風林，防風垣，防風ネット等で囲まれた地域に移動させる．風速を減少させる，すなわち，密閉度50％の防風林であれば，防風林の高さ（H）の2〜5倍距離（2〜5 H，高倍距離）で約50％，10 H で60〜70％風速を減少させることができる．黄砂粒子を防風林の枝葉やネットに衝突，落下させ，空気を濾過することで，10 H で黄砂を半減させることが十分可能であり，20 H でも明らかにそれ相応の減少効果がある（真木，1987）．また，黄砂発生時には強風が吹くことが多く，防風施設が機能を果たすことは有効である．たとえ黄砂減少がわずかであっても，発生限界ぎりぎりであることを考慮すると，防風施設は重要な意味があると推測される．

④ 石灰，酢，木酢酸等の散布により予防する．宮崎県等では2010年には嫌というほど散布をしたと思われるが，付近で実際に口蹄疫が発生しているわけではないので，要所，要所での散布

でよいと判断される．

⑤　家畜にマスクをつけさせる．手間はかかるが，小規模農家であれば作業は可能であろうと思われる．これは気象庁の黄砂予報が出た時のみの対応でよいと考えられる．

⑥　空気清浄器を導入する．これは大型飼育農家等が対応すればよいかと考えられ，密封型の畜舎では導入可能であろう．

⑦　常に家畜の健全な飼育が重要である．このことは，特に口蹄疫に関したことだけではなく，当然の注意事項である．

なお，以上のことをすべて実施するわけではなく，実施可能な幾つかの対応でもよい．黄砂シーズンには，他の方法がまだあると考えられるので，適宜工夫して対応する必要がある．

一方，黄砂発生源の制御のための根本的対策として，中国政府等が精力的に植林，緑化を行っている(真木ら, 2010a)が，人口増加による過開発，過放牧等により防止対策が追いつかない状況で，沙漠化の方が進行している．また，緑化，過放牧・過開発抑制により黄砂を相当減少させたとしても，黄砂はどうしても中国，モンゴルから日本に飛来する．上述のように常に黄砂対策は必要であろう．また，中国内での口蹄疫発生地点の情報(これが問題)が早急に得られれば，黄砂予報で飛来場所，時間が特定可能であるため，より直接的な対応が可能となり，有効となると考えられる．これは今後非常に効果的な対策となり得る方法である．

沙漠化，黄砂の防止対策として，中国の沙漠化地域における緑化，黄砂防止用の草方格の設定と緑化回復事例を**図-4.25** 示す．沙漠化防止および黄砂防止として，植樹，植生回復を積極的に行っているが，沙漠化面積が広過ぎてなかなか追いつかない状況である．2000

〜2002, 2006, 2010年も黄砂が相当多かった．今後の黄砂防止の成果を期待したい．

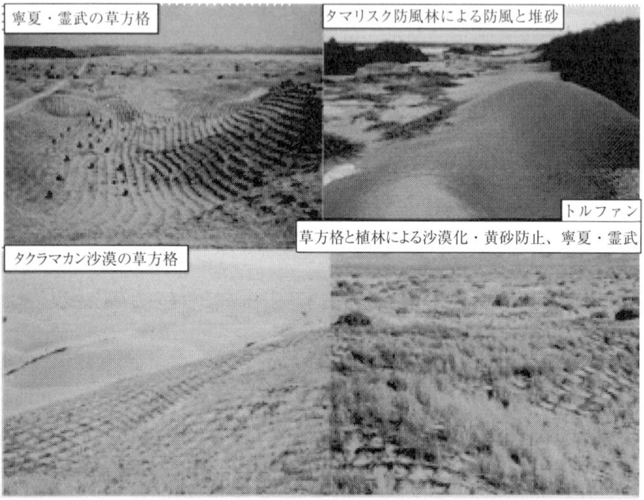

図-4.25 (左上)中国の寧夏，霊武のトングリ沙漠での麦藁草方格の設定,(左下)タクラマカン沙漠でのアシ藁草方格の設定,(右上)トルファンでのタマリスク防風林による防砂効果例,(右下)寧夏，霊武での草方格による緑化効果例

5章
詳しい発生状況の考察 －疫学調査中間とりまとめ－

口蹄疫の発生初期の状況および伝播について，以降，**5.1**(**図-5.1**)に農林水産省口蹄疫疫学調査チーム(2010)(以降，疫学チーム)からの報告(2010年11月24日発行，pp.106)をできるだけ正確に，そして忠実に要約して記述するとともに，筆者による考察を簡潔に述べる．

また，**5.2**には，①発生初期を過ぎてから飛び地的に発生したえびの市の農場での問題，**5.3**には，②本格的に蔓延状況になる段階での宮崎県家畜改良事業団での種雄牛の移動と肥育牛の感染の勃発，そして**5.4**(**図-5.2**)には，③発生末期・終息期頃の発生・伝播の状況，すなわち集中地域以外での発生状況(発生後期)等について報告書の詳しい情報(疫学チーム, 2010)に従って要約して記述するとともに，筆者による考察を簡潔に述べる．また，**5.5**には，報告書の全体のまとめについて筆者による考察を記述する．

口蹄疫の発生，蔓延の経過とその状況を説明するため，口蹄疫ウイルス伝播経路の解明のための発生農場間との関係を**図-5.1**，**5.2**に示す[疫学チーム(2010)を改図]．ただし，これらの図は疫学チーム(2010)をもとに作成されているが，順位あるいは推定日が間違いと考えられる箇所(7~9番目，もしくは9番目の推定日)があったので，9番目の推定日を間違いとして，一部改稿・修正した図表を示した．

順番のうち，何例目は口蹄疫発生が報告された順位，何番目は推定の口蹄疫ウイルス侵入の順番で科学的に検証した実際，もしくは実際に近い推定の発生順位である．なお，推定発症日は，立入検査時の臨床症状やその進行程度，血清中の抗体価等をもとに推定されている．また，推定ウイルス侵入日は一般的にウイルスの感染から発症まで1~2週間を要するとされ，推定発症日の1~2週間前と推定されている．

なお，要約は相当縮小してあるため，十分意を尽くせない箇所もあるかと思われる．したがって，詳しくは「口蹄疫の疫学調査に係わる中間取りまとめ－侵入経路と伝播経路を中心に－」(疫学チーム，2010)(農水省HP)を参照されたい．

以降，筆者による考察(コメント)を次の事例のように●印を加えて解説していくこととする．また，疫学チーム報告書の改行文字の最初には○印をつけて区別した．

●この報告では，潜伏期間について，農水省2~8日，農業新聞では牛6.2日，豚10.6日であるが，発症までの日数がやや長めに設定されている．これは，実際の現場での対応では明確な症状が現れるまでにはより多くの日数が掛かる，と推測されるためであり，特に今回の発生確認が遅れ気味であったことの影響が出ているかもしれない．

5.1　発生集中地(児湯地区)での口蹄疫の状況 ―発生初期の詳しい状況―

1番目推定ウイルス侵入農場(6例目口蹄疫確認)(竹島農場)[以降,何番目侵入(何例目確認)]

所在地：都農町　　家畜飼養状況：水牛42頭，豚2頭　　発生確認日：4月23日　　推定発症日：3月26日以降　　推定ウイルス排出日：3月23日(推定発症日の3日前)　　推定ウイルス侵入日：3月12〜19日(推定発症日の7日前から，さらに7日間を設定)

●この推定ウイルス侵入期間(12〜19日)の場合，最終推定侵入日の3月19日が他地点と比較するうえで重要な日付となる．

発生経緯と伝播経緯(以降，発生と伝播)：発生経過は，3月26日に水牛2頭に発熱，乳量の低下があったため獣医師が診察した．その後，数日中に同一症状の水牛が増加し，30日に9頭で異常が見られ，獣医師が宮崎県家畜保健衛生所(以降，家保所)に通報した．31日に家保所が立入検査した．症状は発熱，乳量低下，下痢等であったが，口蹄疫を疑う症状とは考えず，3頭から血液，鼻腔スワブ(ぬぐい液)，糞便を採取し，ウイルス・細菌・寄生虫検査を行った．4月5日に家保所が獣医師から「ほとんどの水牛が解熱したが，一部の水牛の乳房に痂皮(かひ)(かさぶた)が見られ，アレルギーを疑っている」と聴取した．4月14日に家保所が再検査し，回復した水牛もいたが，乳量が低下し，一部で脱毛も見られた．21日に口蹄疫発生は2番(1例)目農場と関連農場であるため，宮崎県疫学調査班が立入調査し，畜主が2番(1例)目の場合と類似した症状があったと家保所に報告した．22日に家保所が立入検査し，臨床的には異常は見られなかったが，4月22日検体と古い3月31日検体を(独)動物衛生研究所に送付した結果，22日検体の5/5で抗体陽性，31日検体の1/3でPCR陽性であった．

○推定発症日が一番早いため，海外からのウイルス侵入の可能性を念頭に家畜の導入や出荷，飼料，敷料，飼料運送，死亡獣処理の業者車両，獣医師，従業員等を調査したが，侵入原因情報は得られず，関係者の海外渡航，海外からの訪問者等でも疫学的関連情報は得られなかった．また，かなりの山奥に位置するが，野生動物(シカ，イノシシ，野鳥)との関連は確認できなかった．一方，2009年の全国ネットのテレビ放映等で特徴的なチーズ製造・販売関連のため，レストラン関係者や取材目的の訪問者，および毎日8:30～10:30に見学者を受け付けていたことから外部との関連は多くあるが，人の出入りの記録はなく，検証は不可能である中で人の移動によるウイルス侵入の可能性は否定できないとはいえ，わかった範囲では侵入となる証拠はない*1．

○伝播条件としては，1番(6例)目と2番(1例)目の距離は350 mと至近である．畜主が2番(1例)目に地区の回覧を配布している．4例目(2月休職)・5例目(3月末休職)の家族がチーズ工房でパート勤務しており，複数回飼料運搬車の入場があるが，時期との関係から関連は低い．

＊1　前農林水産大臣山田氏と竹島農場畜主(1番目推定ウイルス侵入，6例目確認)との問答によると(山田，2011)，『民主党の道休誠一衆議院議員の紹介で韓国人研修生を受け入れていて，その韓国人がウイルスを宮崎に持ち込んだという噂だ．このことはネット

で流布され，2ちゃんねるやユーチューブでも大変な話題になった．竹島さんが山田氏に語り始める.「全く，そのような事実はなく, 私自身は道休議員に会ったこともないのに, それが本当になってしまっているのです．怖いと思いました……」,「宮崎県の聞き取り調査では，午前中に見学の時間を設定していて，水牛農家は珍しいので，外国人観光客も含めて不特定多数の見学者が来ていたことになっているが……」,「違います．私の水牛農場はHPでも住所・電話も明らかにしていません．観光客が訪ねて来ることはまずあり得ませんでした．ただ2年前にテレビに出演しましたが，そのとき問い合わせ先としてファックスを知らせていましたので, 20件ほどのモッツァレラチーズの問い合わせはありました. 農場まで今までに2人訪ねてきましたが，それだけです」,「その2人は日本人ですか」,「そうです．名前も分かっています」,「県の聞き取り調査では，こちらが訪問者に関する記録を取っていなかったとなっていましたが……」,「後で取り寄せて，読んで憤慨しました．確か殺処分のときに聞かれたと思いますが，あのときは頭がいっぱいで……でも，あのようなことは言っていません」,「どうして，このような山奥のあなたの水牛にウイルスが感染したか，思い当たることはありませんか」,「何度もきかれますが，本当に思い当たることはありません」』.

●以上のように，日本人2名の訪問者が来たのみで，記録は残っており，海外からの侵入としては確認できない．かなり不確実な情報・誤解があるように思われる．

以上から考察すると，獣医師から家保所への通報は3月30日であるが，発生確認は遅く4月23日で，初発日3月26日からすると長く4週間を要した．最初に発生した農場は，この6例目農場であり，口蹄疫の発症日は3月26日であると推測される．すなわち，この農場に口蹄疫が侵入し，2番(1例)目農場に伝播してから，その後，広く宮崎県内の南方向に伝播し，蔓延していったと推測される．

2番目侵入農場(1例目確認)(黒木農場)

所在地：都農町　　飼養状況：牛16頭　　発生確認日：4月20日

推定発症日：4月5日以降　　推定ウイルス排出日：4月2日

推定ウイルス侵入日：3月22〜29日

発生と伝播：4月7日に牛1頭に発熱(40.3℃，牛の平熱は38〜39℃)と食欲不振を認めたため，獣医師に往診依頼．牛は流涎あり，活力なく震えあり．口腔内異常なし．8日に体温平熱，流涎あり，リンパ節の腫れのため抗生物質投与．9日に平熱だが食欲不振，流涎のため口腔内は上唇基部に潰瘍，下先端部に表皮の脱落確認．9日に獣医師から口蹄疫も否定できないとの通報を受けて家保所が立入検査．1頭のみが口腔内症状のため，口蹄疫検査は実施せず経過観察．16日に経過観察中の同居牛1頭(2頭目)に発熱(39.3℃)，流涎，食欲不振あり，獣医師に往診依頼．舌と歯床板に糜爛症状を確認し，流涎のある牛1頭を確認して家保所に通報．17日には2頭目が食欲不振，発熱(41.5℃)．家保所が立入検査し，2頭ともに糜爛を確認し検体を採取．19日に家保所が疑う各種病気の検査ではすべて陰性．家保所と県庁家畜課で協議のうえ，国に報告するとともに検査材料を送ることとして午後に家保所が再度立ち入り，全頭検体を採取して動物衛生研究所に送付．その際，新たに同居牛1頭(3頭目)

に糜爛確認.

○最初に発生が確認された1例目(発生確認日：4月20日)であるが，2番目の発症日(4月5日以降)であり，臨床症状や抗体検査の結果等から，ウイルス侵入時期は1番(6例)目農場の3月19日よりも相当遅い3月29日と推定される．畜主が3月26日と4月11日に地区広報誌の配布のため1番(6例)目に立ち入った際にウイルスの曝露を受けた可能性は否定できない．また1番(6例)目と共通の飼料販売業者まで自家用トラックで飼料を取りに行ったことで，この時の曝露も否定できない．中国産稲藁は加熱処理された飼料であり，関連は低い．4月9日に獣医師から家保所へ通報され，かつ口蹄疫の可能性に言及していたが，発生確認が4月20日で相当遅かった.

●4月9日に獣医師から家保所へ口蹄疫の可能性を通報していたが，発生確認が遅く，約10日間を要した大きい問題がある．この時点で確認できておれば，蔓延には至らなかったと推測される．重要な情報に対する確認の遅れであったと判断される．この時点でアジア諸国で発生していたことを考慮すると，もっと早くから国内発生を疑うべきであった.

3番目侵入農場(7例目確認)(安愚楽牧場)

所在地：川南町　　飼養状況：牛725頭　　発生確認日：4月25日推定発症日：4月8日以降　　推定ウイルス排出日：4月5日
推定ウイルス侵入日：3月25日〜4月1日

発生と伝播：4月8日頃に道路側牛舎の複数頭に食欲不振を確認.
13日に食肉処理施設への出荷・積載した肥育牛9頭の車両に9番(9

例)目農場(えびの市)で肥育牛3頭を積載. 17日に農場全体で咳・鼻水等の風邪症状を示す牛が多発. 18〜20日に食欲不振・風邪症状の飼養全頭に抗生物質投与. 22日に道路側牛舎で発熱, 微熱, 食欲不振の十数頭に流涎, 糜爛を確認. 24日に家保所が立入検査し, 約半分の牛房(畜舎内を柵等で囲った牛の飼養空間. 1牛房で数〜十数頭を飼育)で流涎を示す牛を確認. 鼻腔・鼻鏡の潰瘍・糜爛, 舌の粘膜剥離(はくり)牛5頭の血液鼻腔スワブを採集検査. 25日に発病確認.

●川南町からの約70 km離れたえびの市の肥育牛の移動は非常に重要な情報である. すなわち, 発病していた場所からの牛または車両・人の移動であり, これらに起因すると考えられる. 28日にえびの市で9番(9例)目農場での発病が確認されたことは, 明らかに3番(7例)目からの伝播であると推測される.

4月8日頃から17日にも牛の異常を確認していたが, 安愚楽牧場本社への連絡は22日, 家保所への通報は24日で, この間約2日間要している. 安愚楽牧場社内連絡・意志疎通の迅速さが欠けていたと考えられる. また, 17日には伝染性疾病を疑っての家保所への連絡の欠如等から, 従業員に対する防疫教育が欠けていると推測される.

○4月7日に死亡獣畜処理業者が3番(7例)目の当該農場に立ち入っており, 次の4番(2例)目農場への伝播の可能性がある.

●その間は至近で, 風による伝播の可能性が高い.

○A飼養業者が当該農場に立ち寄っているが, 発生関連時期から考えて侵入の可能性は低い. 10日に藁や堆肥の運搬用トラックが藁倉庫を訪問しているが, 推定日に近いとはいえ, 伝播時期から考えて5番(8例)目農場への伝播の可能性は低い. 一方, B飼養運送業者は4月2日に当該農場に立ち入り，3日に5番（8例）目農場（推定侵入日4月7日）に立ち入っており，伝播の可能性は否定できない．また，死亡獣畜回収車両・人を介しての4番（2例）目への伝播の可能性がある．

●4番（2例）目と5番（8例）目農場の間は900 mで，どちらかといえば北東寄りに位置しており，風による伝播よりも車両，人の移動による伝播可能性が高いと推測される．

○6番（3例）目農場とは道路を挟む程度で，近隣伝播の可能性は否定できない．

●6番（3例）目農場への伝播は風による可能性は非常に高い．3番（7例）目農場は2～5例（4，6，7，10番）目とは至近で，伝播の可能性は高い．8～13例（順に5，9，11，13，8，12番）目とは種々の交流等が密接であり，接触伝染等の可能性が高いと推測される．特に，川南町とえびの市の場合には，運搬牛の車両を介してのウイルスの接触に原因があると考えられる．

○担当獣医師，肥育・繁殖農場の従業員の系列農場間の往来のため，伝播要因の可能性は否定できない．

●その他，一部繰り返すが，3番（7例）目農場は，2～5，11，12例目（順に4，6，7，10，13，8番目）との近隣としての関係から，種々の密接な関連があり，伝染および風による微細物質の輸送原因による伝染は非常に重要である．

4番目侵入農場（2例目確認）

所在地：川南町　　飼養状況：牛68頭　　発生確認日：4月21日

推定発症日：4月12日以降　　推定ウイルス排出日：4月9日

推定ウイルス侵入日：3月29日～4月5日

発生と伝播：4月7日に当該農場を訪問した死亡獣畜処理業者が訪問直前に3番目(7例目)を訪問しており，そこからの侵入の可能性が高い．

●3番(7例)目から，風による近隣への拡散の可能性が高い．

○当該農場を訪問した獣医師が7番(4例)目農場を訪問しており，また7番(4例)目と10番(5例)目家族との作業交流があり，伝播の可能性がある．その他，集乳車の関係から13番(11例)目，43例目への伝播の可能性がある．

　人工授精師の活動範囲の関係から13番(11例)，16，17例目の伝播の可能性がある．

5番目侵入農場(8例目確認)

所在地：川南町　　飼養状況：牛1,019頭　　発生確認日：4月28日

推定発症日：4月14日以降　　推定ウイルス排出日：4月11日

推定ウイルス侵入日：3月31日～4月7日

発生と伝播：当該農場は3番(7例)目，9番(9例)目農場と同一飼料運送業者であり，3番(7例)目から直線距離900 mの5番(8例)目を経由して70 km離れたえびの市の9番(9例)目に伝播した可能性がある．また，同一系列農場従業員の関係で8番(12例)目への伝播の可能性も否定できない．また，獣医師の活動範囲から3番(7例)目からの侵入および他農場への伝播の可能性も否定できない．

●この場合，牛および汚染された車両による伝播の可能性が大である．

6 番目侵入農場(3 例目確認)

所在地：川南町　飼養状況：牛 118 頭　発生確認日：4 月 21 日

推定発症日：4 月 17 日以降　推定ウイルス排出日：4 月 14 日

推定ウイルス侵入日：4 月 3〜10 日

発生と伝播：当該農場は，3 番(7 例)目農場と道路を挟んで斜め向かいにあり，接触伝播および飛沫核や微小物質付着ウイルスによる近隣伝播の可能性が高い．また，当該農場からの伝播についても近隣という位置による影響が推測される．

●明らかに風による 1，2 番目または 3，4 番目からの伝播の可能性が大である．

7 番目侵入農場(4 例目確認)

所在地：川南町　飼養状況：牛 64 頭　発生確認日：4 月 22 日

推定発症日：4 月 18 日以降　推定ウイルス排出日：4 月 15 日

推定ウイルス侵入日：4 月 4〜11 日

発生と伝播：獣医師の訪問の関係で，3 番(7 例)目，4 番(2 例)目農場からの伝播の可能性があり，また，当該農場から 29，34 例目への伝播の可能性がある．なお，3 番(7 例)目農場と当該農場間は 400 m であり，近隣侵入伝播の可能性がある．

○畜主は 4 番(2 例)，10 番(5 例)目農場の家族と共同作業をしており，4 番(2 例)目からの侵入伝播の可能性は否定できない．

●風による 3，4，6 番目からの伝播の可能性が大である．

8 番目侵入農場(12 例目確認)

所在地：川南町　飼養状況：豚 1,473 頭　発生確認日：4 月 30 日

推定発症日：4月19日以降　　推定ウイルス排出日：4月16日
推定ウイルス侵入日：4月5～12日

発生と伝播：当該農場の従業員1名が5番(8例)目農場(直線距離約2 km)の隣に居住し，車で通勤しており，侵入の可能性は否定できない．また，当該農場は角地にあり，一方の道路は初期の発生農場の集中地域の2～5，7，11例目(順に4，6，7，10，3，13番)から川南町への幹線道路で，もう一方の道路も死亡獣畜処理業者や飼料運送業者の通行道路で，道路通過車両による不特定多数による侵入の可能性は否定できない．当該農場は発生集中地域と近接しており，かつ接触や近隣伝播の可能性が高い．8番(12例)と11番(10例)，12番(13例)目間は1,400 mで，さらに200 m先に堆肥所がある．

○当該農場の関連グループ内の勉強会の関係で，26例目農場への伝播の可能性はある．また，系列農場に出荷して入る関係から39例目への伝播可能性がある．飼料運送業者の訪問関係では42，278，281例目への伝播可能性がある．野生動物はカラス，スズメ，タヌキ，ネズミ，ゴキブリが確認されている．

●風による3，4，6，7番目からの伝播の可能性が大である．考察としては，今回，最初のウイルスが豚に侵入したのは8番(12例)目の当該農場である．豚は，牛に比べて感染しにくいが，ひとたび感染すると，牛の100～2,000倍のウイルスを排出するとされているため，豚への感染の事実は，口蹄疫の伝染が拡大，蔓延した最大の要因になったと考えられる．

9番目侵入農場(9例目確認)

所在地：えびの市　　飼養状況：牛277頭　　発生確認日：4月28日

推定発症日：4 月 20 日　　推定ウイルス排出日：4 月 17 日以降
推定ウイルス侵入日：4 月 6〜13 日
(もしくは，推定発症日 4 月 21 日以降，推定ウイルス排出日 4 月 18 日，推定ウイルス侵入日 4 月 7〜14 日)

●報告書では，発生確認日 4 月 28 日，推定発症日 4 月 17 日以降，推定ウイルス排出日 4 月 14 日，推定ウイルス侵入日 4 月 3〜10 日となっているが，間違いであると考えられる．各項目の日付が 6 番(3 例)目と同じであり，7 番(4 例)，8 番(12 例)目より早く，順が合わない．3 番(7 例)目からの牛の移動に関連しての伝播であるため，推定ウイルス侵入日が少なくとも 4 月 13 日以降でなければならず，また 15 日でもない．すなわち，推定発症日は 8 番(12 例)と 10 番(5 例)目間の 20 日か，10 番(5 例)目と同じ 21 日でなければならない．4 月 17 日に 3 番(7 例)目農場へ飼料を搬入するとともに当該農場にも搬入していたとのことであるため，ウイルス侵入日が 13 日(6〜13 日の最終日)，もしくは 14 日(7〜14 日)の方がより説明が妥当である．また，もし単に順番のみが間違いであるとすると，えびの市での最初の発病は 7 番(9 例)目農場となり，次が川南町(牛 64 頭)の 4 例目が 8 番目，川南町(豚 1,473 頭)の 12 例目が 9 番目となる．しかし，間違いを修正することはどちらも可能であるが，ここでは順番は正しいとして取り扱い，それに従って辻褄を合わせるように修正した．

発生と伝播：4 月 13 日に同一系列である 3 番(7 例)目農場で集荷トラックに牛 9 頭を積み込んだ後，当該農場で同車両に 3 頭を積み込み，食肉処理場に集荷している．この間約 70 km の 3 番(7 例)目から 9 番(9 例)目への伝播である可能性が非常に高い．

○4月10日に18番(22例)目農場(えびの市)も使用していた共同堆肥場に搬出していたことで伝播に関連するかもしれない．牛舎内にハト，カラス，アナグマ，ネズミが確認されている．

●この場合も野生動物の媒介による侵入は認められない．

10番目侵入農場(5例目確認)

所在地：川南市　飼養状況：牛76頭　発生確認日：4月23日
推定発症日：4月21日以降　推定ウイルス排出日：4月18日
推定ウイルス侵入日：4月7～14日

発生と伝播：4月17日に4番(2例)目農場の牧草地で牧草ロールの調整作業に当該農場の畜主と家族および4番(2例)目，7番(4例)目農場の家族が参加しており，10番(5例)目の当該農場へのウイルス侵入の要因になった可能性は否定できない．また，6番(3例)目農場で作業した削蹄師が4月17日に当該農場に立ち入っており，ウイルス侵入の要因になった可能性は否定できない．

●推定発症日4月8日(発生確認4月25日)の3番(7例)目農場に直線距離400mと隣接しているため，風によるウイルス侵入の可能性は高い．すなわち，7番(4例)目農場とほぼ同じ400mであり，微小物質付着ウイルスによる伝播の可能性は相当高いと推測される．

11番目侵入農場(10例目確認)(宮崎県畜産試験場川南支場)

所在地：川南市　飼養状況：豚486頭　発生確認日：4月28日　推定発症日：4月23日以降　推定ウイルス排出日：4月20日　推定ウイルス侵入日：4月9～16日

発生と伝播：当該農場は4月に9回，計58頭，食肉処理施設へ出荷しており，4月16日の出荷日は推定ウイルス侵入日と重なる．また，4月11，13日に8番(12例)目農場が同食肉処理施設に出荷しており，8番(12例)目農場からウイルスが排出されていた推定排出日4月16日以降に一致することから侵入の可能性は否定できない．

○4月22日に育成豚舎と種豚舎間の舗装道路を歩かせて移動させているが，道路ではトビ，カラス，ネズミ，ハエ，ゴキブリ等も見られたことでもあり，かつ重要なことは育成豚舎・種豚舎ともに口蹄疫が確認されており，この移動時に感染した可能性も否定できない．

●しかし，わざわざ小動物を伝播源としなくても，風によるもっと細かくきわめて大量のウイルス付着微細物質が伝播原因である可能性を述べた方が理解しやすい．

○隣接する12番(13例)目農場のすぐ裏手(直線距離200 m)に8番(12例)目農場の堆肥置き場があり，かつ4月30日の8番(12例)目農場での発生確認までの間，当該農場の近接道路を経由して堆肥を搬出していた．また，野鳥が多く見られたことから，12例目農場の堆肥を介して当該農場へ侵入した可能性があると考えられる．

●しかし，これについても，いかにも野鳥が原因であると強調してこじつけなくても，簡単に風による微小物質の浮遊移動での伝播があり得ると判断される．たとえ，1.4 kmの距離でも，雨によって高湿度条件も十分あるため，風による伝播は問題なく可能である．

○当該農場はセミウインドレス(半窓無)豚舎で飼育し，車両の消毒槽，消毒液噴霧装置，農場入出の際のシャワー室等の防疫関連施設・設備を備えていたが，1例目の発生が確認される4月20日までは飼料運送業者等の関係車両に対する消毒は実施されてはいたが，職員の通勤車両には入場時の消毒は実施されていなかった．なお，消毒薬は口蹄疫には効果が期待できない逆性石鹸であった(21日より塩素系消毒薬に変更)．さらには，豚の飼養場へ入場する際のシャワーは職員には義務付けていなかった，等の問題点があった．

●特に，公的機関の宮崎県畜産試験場への侵入，さらには豚への侵入，そしてそこからの伝播はきわめて重大な問題で，著しい蔓延の原因となったといえる．

12番目侵入農場(13例目確認)(JA宮崎経済連)

所在地：川南市　　飼養状況：豚3,882頭　　発生確認日：5月1日　　推定発症日：4月24日以降　　推定ウイルス排出日：4月21日　　推定ウイルス侵入日：4月10～17日

発生と伝播：4月16日に6番(3例)目農場(推定ウイルス排出日4月14日)を訪問した敷料運送業者が当該農場に鋸屑(のこくず)を搬入しており，ウイルスが侵入した可能性は否定できない．ネコ，カラス，スズメが場内に入ることもあり，道路向かいの食鳥処理場からカラス，トンビが運んだ鳥の骨が豚舎の屋根，場内で見られた．西側道路との境界の塀は1m高と低く，バイオセキュリティ上の不備も確認された．当該農場と11番(10例)目農場は隣接しており，当該豚舎のすぐ裏手(直線距離200m)に8番(12例)目農場の堆肥置場があり，

それを介した侵入の可能性がある.

●当該農場と11番(10例)目農場は隣接しているので，伝播上，最も重視すべきことであり，また堆肥置場からの風による感染の可能性は高い.

○当該農場はウインドレス(窓無)豚舎で飼育し，車両の消毒槽，消毒液噴霧装置，農場入出の際のシャワー室等の防疫関連施設・設備を備えており，入場車両に消毒は行われていた. しかし，消毒薬は口蹄疫には効果が期待できない逆性石鹸であり，21日より塩素系消毒薬に変更した.

当該農場から37, 44例目に飼料運送業者が立ち入ったことで伝播の可能性がある.

13番目侵入農場(11例目確認)

所在地：川南市　　飼養状況：牛50頭　　発生確認日：4月29日

推定発症日：4月25日以降　　推定ウイルス排出日：4月22日

推定ウイルス侵入日：4月11〜18日

発生と伝播：4月16日に人工授精師が4番(2例)目農場に立ち入った後，当該農場に立ち入ったことで，ウイルス侵入の要因の可能性がある. 4月14日に獣医師が4番(2例)目に立ち入った後，17日に当該農場に立ち入った. 立ち入った牛舎は発症牛舎と異なるが，ウイルスが侵入した可能性は否定できない.

○集乳車両が4番(2例)目，当該農場，43例目農場に立ち入っており，43例目農場への伝播の可能性があると考えられる.

●6番目(3例目)農場に近く，風による伝播の可能性は大きい. すなわち，3, 4, 6, 7, 10例目からの風による伝播の可能性は大きい．

14番目もしくは14例目以降の発生は非常に多く，また，一方では複雑であることが予測される．しかし，これらの伝染・蔓延はごく簡単な風による微細物質付着ウイルスの浮遊，輸送，伝染を考えれば大変に簡単である．すなわち，前述したとおり，季節風（地上風）による春から夏への季節変化による風向変化が関連する伝染，蔓延であると強調できる．

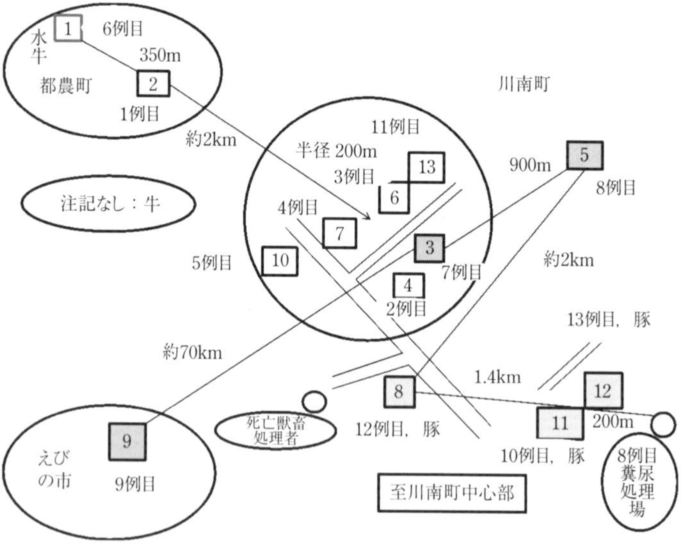

図-5.1 伝染経路に着目した発生農場間の関連図（1～13例目）［疫学チーム(2010)，一部改稿］

5.2　発生集中地(児湯地区)以外の隔地での発生状況 －発生初期えびの市での発生－

9番目侵入(9例目確認)(発病1番目)

所在地：えびの市　　飼養状況：牛277頭　　発生確認日：4月28日　　推定発症日：4月20日以降　　推定ウイルス排出日：4月17日　　推定ウイルス侵入日：4月6～13日

(もしくは，推定発症日：4月21日以降，推定ウイルス排出日：4月18日，推定ウイルス侵入日：4月7～14日)

●報告書では，前述したとおり推定発症日4月17日以降，推定ウイルス排出日4月14日，推定ウイルス侵入日4月10日となっているが，これらは間違いである．順番のみが間違いである場合には，順番(7～9番：9番が7番，7番が8番，8番が9番)が変わるが，ここでは前者を採用した．

侵入経緯(以降，侵入)：4月13日に同一系列である3番(7例)目農場(推定発症日4月8日)で集荷トラックに牛9頭を積み込んだ後，当該農場で同車両に3頭を積み込み，食肉処理場に集荷している．この間約70 kmの3番(7例)目(推定発症日4月8日)から9番(9例)目(同4月20日)への伝播である可能性が非常に高い．

伝播経緯(以降，伝播)：4月10日に18番(22例)目農場(えびの市)も使用していた共同堆肥場に搬出していたことで，伝播に関連するかもしれない．

○牛舎内にハト，カラス，アナグマ，ネズミが確認されている．

●この場合も，野生動物の媒介による侵入の事実は確認されていない.

18番目侵入(22例目確認)(発病2番目)

所在地：えびの市　飼養状況：豚320頭　発生確認日：5月5日　推定発症日：4月26日以降　推定ウイルス排出日：4月23日　推定ウイルス侵入日：4月13〜19日

侵入：種々の伝染経路は関連性が薄いが，9番(9例)目農場の堆肥置場と18番(22例)目農場が近接しているため，近接伝播を起こした可能性は否定できない.

伝播：なお，9番目侵入農場(9例目確認)から当該農場は約1km，当該農場から68例目農場は80m，83例目農場は約1kmで，近接伝播の可能性は否定できないとしている．したがって，それぞれ比較的近接しているため，9番(9例)目から18番(22例)目，91番(68例)目，86番(83例)目農場へと伝播したと考えられる.

●この近隣伝播は非常に重要で，特に風によるウイルス付着微小物質を介した伝播の可能性は非常に大きいと推測される．1kmの距離は全く問題にならない伝播距離である.

91番目侵入(68例目確認)(発病3番目)

所在地：えびの市　飼養状況：牛29頭　発生確認日：5月11日　推定発症日：5月8日以降　推定ウイルス排出日：5月5日　推定ウイルス侵入日：4月13日〜5月1日

侵入：4月27，28日に飼料運送業者が当該農場に立ち入っており，ウイルス侵入の要因となった可能性は否定できない．野生動物としてカラスによる機械的伝播がウイルス侵入の要因になった可能性は否定できない．22例目農場と68例目農場は80mで，線路を挟んで向かいに位置し，22例目農場の殺処分・埋却作業中(5月5日)に石灰が風で運ばれて来たとのことであるが，風によるウイルス伝播の可能性は否定できない，としている．

●報告書では，風に関する記述はこの1箇所のみである．風による伝播・伝染の記述が非常に少ない．すなわち，風の文字を使うことを避けているように思われる．

86番目侵入(83例目確認)(発病4番目)

所在地：えびの市　　飼養状況：牛46頭　　発生確認日：5月13日　　推定発症日：5月8日以降　　推定ウイルス排出日：5月5日　　推定ウイルス侵入日：4月13日〜5月1日

侵入：前述のとおり，9番目侵入農場(9例目確認)から18番(22例)目農場は約1km，18番(22例)目農場から91番(68例)目農場は80m，当該農場は約1kmで，近接伝播の可能性は否定できない，としている．また，牛舎周辺にはカラスが多く，牛舎内ではネズミの糞やハエが確認されている．

●したがって，それぞれ比較的近接しているため，9番(9例)目から22例目，68例目，83例目の順，または9例目から68例目，22例目から83例目等で伝播したと考えられる．なお，えびの市では，近隣伝播が明確であるが，有効な防御によって伝染を4件止まりに封じ込めたことは評価できる結果であった．また，ラジコンヘリコプターを使用して効果を発揮した可能性が高い．その他の場所でも，スピードスプレヤーの使用やラジコンヘリコプター程度の利用は必要であったと推測される．

なお，口蹄疫の発生および発生頭数と殺処分頭数を考えると，宮崎県における口蹄疫のすさまじい伝播状況と蔓延状況，およびその終息への過程がよく理解できるが，5月の1ヶ月間にどうしてこのような激しい状況になったか反省が必要である．

理由，原因は既に幾つか述べたが，特に問題である事項は，口蹄疫侵入以前の予防対策の欠如，農家への口蹄疫情報の伝達欠如，薬剤散布の遅延による不適切さ，風による侵入・伝播現象の無理解，非常事態宣言の遅れ，ワクチン接種の遅れ等である．

5.3　発生中期の重要・注目地点での発生状況 －宮崎県家畜改良事業団での発生－

108番目侵入（101例目確認）（宮崎県家畜改良事業団農場）

所在地：高鍋町　　飼養状況：牛308頭　　発生確認日：5月16日　　推定発症日：5月11日以降　　推定ウイルス排出日：5月8日　　推定ウイルス侵入日：4月27日～5月4日

発生の経過：

5月10日　　宮崎県知事より農林水産大臣に事業団の種雄牛6頭の移動制限区域外への移動申請に対して，農水省より，

① 移動前の臨床目視・遺伝子検査による徹底した清浄性の確認，

② 蔓延防止のため事前運送経路確認，車両の消毒，臨床目視・遺伝子検査による移動前後の厳格な管理，

③ 移動制限区域内農家も含めた畜産関係者への十分な説明の必要性の指摘，

があった．

5月11日　農水省牛豚等疾病小委員会で意見聴取しつつ具体的検討を開始.

5月12日　畜産農家の同意確保.（独）動物衛生研究所で遺伝子検査し，陰性確認.

5月13日　農水省から宮崎県に種雄牛の移動許可を回答. しかし，当日朝のチェックで検定用肥育牛1頭に発熱（39.9℃）確認されたが，流涎等の症状がないため，口蹄疫を疑わず抗生物質投与.

5月14日　別4頭に発熱（40.4～41.2℃），流涎，糜爛確認後，宮崎家保に通報. 立入検査. 検体を（独）動物衛生研究所に送付.

5月15日　農水省の検査（前日まで異常なし）.

5月16日　5頭とも遺伝子検査の結果，陽性判明（抗体検査陰性，初期症状）. 同居牛10頭から殺処分開始.

5月21日　尾八重農場に移動した種牛6頭の臨床観察・遺伝子検査継続. 1頭は遺伝子検査陽性，ウイルス感染確認で殺処分. 5頭は牛房・飼育管理者とも個別のため，検査・経過処置. 2週間後，無感染確認.

侵入：ウイルスは5月上旬に侵入していたと考えられるが，5月4日に47例目（川南町，推定発症日5月3日），141例目（新富町，推定ウイルス侵入日5月3日）への飼料搬入車両は入場前消毒を実施したものの，5日，当事業団（推定ウイルス侵入日5月4日）に最初の搬入. この車両・人の移動によるウイルス侵入の可能性がある. 野生動物に対して4月27日に防鳥ネットを設定. ネズミ駆除を5月15日に実施.

○種雄牛・検定用肥育牛飼育場は同一敷地内で隣接し，両飼育担当者の作業動線も交差（4月27日に分離壁設置）. 車両の消毒槽，消毒液噴霧装置，飼育場に入出する際のシャワー室等の防疫施設・設備を整え，塩素系消毒薬を用いて従業員・関係者の車両消毒を実施．シャワーは1例目の4月20日までは使用しておらず，飼育場では着替えのみを実施．

●発生中期・蔓延初期での重要な時期に当たる．4月20日の発生確認後，相当時間経過したにもかかわらず宮崎県家畜改良事業団農場がウイルス侵入を防ぎきれなかったことは重大である．また，農場内での種牛の件で注目を浴びた家畜の分離，飼育，移動等の不十分さが問題点として浮かび上がる．さらには，的確消毒の欠陥(大型噴霧機使用と広範囲予防処置の問題等)，家畜・人的管理も不十分であった問題等もあるが，そもそも都農町，川南町と隣接し，ウイルスがこの地域に入っていて，空気伝播のことを考慮すると，必然的に侵入，発病することになっていたと推測される．すなわち，少々の予防措置(例えば，分離防護壁の設置)，防疫体制では防止できないことを意味している，と結論づけても過言ではないと考えられる．

5.4 発生集中地(児湯地区)以外での発生状況 ―発生後期での発生―

5.4.1 日向市での伝播(北方への拡大，発生後期)

259番目侵入(284例目確認)

所在地：日向市　飼養状況：牛364頭　発生確認日：6月10日

推定発症日：5月28日以降　推定ウイルス排出日：5月25日

推定ウイルス侵入日：5月14～21日

侵入：5月22日のウイルス排出時の発生農場［新富町の203番（195例）目農場］へ搬入した同じ飼料運送業者の車両が約40 km離れた日向市の当該農場に搬入しており，推定ウイルス侵入日5月21日に非常に近く，この農場に伝播した可能性があると考えられる．また，牛舎周辺では多くの野鳥が見られた．

●この伝播については約40 kmの距離があり，防疫体制もかなり整い，大騒ぎになり注意していた最中でもあり，関係者は相当注意を払っており，飼料運搬業者による人為的な伝播であると結論つけることは考えにくい．かつ，野鳥を伝播源あるいは媒体として責任を押しつけることはあまりに理解しにくく，確認もできていない．

これは，距離的に近い都農町や川南町（10〜20 km）からの風によるウイルス付着の微小物質に起因する伝播であると推測される．すなわち，春季の主風向から夏季の主風向へと変化したことによる空気伝染であると結論づけた方がより理解しやすいと考えられる．

5.4.2　西都市での発生（西方への拡大，発生後期）

285番目侵入（283例目確認）（発病1番目）

所在地：西都市　　飼養状況：牛542頭　　発生確認日：6月10日

推定発症日：6月7日以降　　推定ウイルス排出日：6月4日

推定ウイルス侵入日：5月24〜31日

侵入：5月26, 27日に飼料を搬入した車両がその前日に推定ウイルス排出時期に当たる高鍋町の233番（227例）目農場，日向市の259番（284例）目農場へそれぞれ搬入しており，その車両がウイルス侵入の要因になり，当該農場に侵入した可能性は否定できない．なお，農場内にハトが多く，また，タヌキ，ネコ，カラスが見られた．

●都農町，川南町の蔓延状態地域からの南向きの風も5月下旬においてもまだ相当程度吹くため，そこからの西都市への伝播は至って問題ない伝播である．また，高鍋町，新富町の児湯地区では，既に蔓延状態にあり，いくらでも伝染の条件は整っていると判断される．そして，東側から西側向きへの伝播であることを考慮すると，季節風の変化による南東風に影響され，つまり，南東から北西への伝播が無理なく説明できる．この説明はどうであろうか．

伝播：5月31日，6月1日に肥育牛を出荷しており，同一車両が6月2日に西都市の289番(289例)目農場(推定ウイルス侵入289番目)(当該農場との間は700 m)の出荷でも使用されていたことから，当該農場からウイルスを伝播する要因になった可能性があると考えられる，としている．

●この伝播についても，関係者は消毒等に相当注意して行動しており，車両による伝播は考えられず，同じ西都市内であり，風による近隣伝播にいくらでも可能性があると推測される．わざわざ大きい物体，車両に原因を押しつけた推測は，むしろ理解できないところである．

289番目侵入(289例目確認)(発病2番目)

所在地：西都市　　飼養状況：牛33頭　　発生確認日：6月13日

推定発症日：6月9日以降　　推定ウイルス排出日：6月6日

推定ウイルス侵入日：5月26日～6月2日

侵入：6月2日の出荷で使われた車両が6月1日に283例目農場(推定ウイルス侵入285番目)の出荷で使われており，この車両がウイルス侵入の要因になった可能性があると考えられる，としている.

●この伝播についても，上述のとおり関係者は十分注意を払っており，車両によるとは考えられない．周辺にウイルスが蔓延しており，同じ西都市内でもあり，風による近隣伝播として可能性は十分あるといえる.

伝播：他への伝播については，可能性はない.

●発生末期でもあり，防御に十分注意を払っており，ここからの伝播はなかった.

5.4.3　都城市での発生(南方への拡大，発生末期)

278番目侵入(280例目確認)

所在地：都城市　　飼養状況：牛208頭　　発生確認日：6月9日

推定発症日：6月1日以降　　推定ウイルス排出日：5月29日

推定ウイルス侵入日：5月18〜25日

侵入：飼料，敷料等の種々の媒介原因について調査したが，可能性が低いことの説明がある．ただし，農場，住宅への動線が重なることによる防疫上の問題点は指摘されたが，侵入経路の特定は至らなったとしている．なお，農場内でイノシシが見られ，カラス，ハトが家畜の餌を食べていた，との情報があった.

●侵入源・地域は，新富町または高鍋町からであると推測される．しかし，距離は40 kmもあり，風による空気伝播を疑うのは，かなり厳しいと推測されるが，都城市は盆地地形で，風向がほとんどが南北2方向であり，風の収斂による北から南への微小物質付着ウイルスの移動･飛来の可能性は十分考えられ，かつ，高温･高湿でpH中性の条件も整っており，伝播の可能性は相当高いと推測される．また，これらの条件は，都城市での発生日に近い時期に宮崎市，国富町でも発生していることからも推測できることである．特に，宮崎市(佐土原町)1番目では6月10日で発生確認日が1日しか違っていないことを考慮すると，宮崎市1番目での推定ウイルス排出日6月4日を考慮すれば，宮崎市経由の可能性も十分あり得る．この場合には距離は約20 kmになり，確率的にはもちろん高くはないが，ヨーロッパにおける空気伝播の事例(最長270 km)を参考にすると，梅雨期であり可能性は十分あると考えられる．なお，イノシシや鳥に伝播の原因を推測するのは，明確な証拠がなく，可能性があるとの推量でしかあり得ない．

伝播：迅速な殺処分，埋却および徹底した消毒により他への伝播の可能性はないとされた．

●特に，発病末期であり，防御態勢の十分な整備のため，他への伝播はなかった．

5.4.4　宮崎市での発生(南方への拡大，発生末期)

286番目侵入(285例目確認)(発病1番目)

所在地：宮崎市　　飼養状況：豚1,339頭　　発生確認日：6月10日　　推定発症日：6月7日以降　　推定ウイルス排出日：6月4日　　推定ウイルス侵入日：5月24～31日

侵入：5月31日に離乳豚舎の給餌ラインを修理するため業者が訪問していたが，衣服，長靴を交換せずに豚舎に立ち入り，工事を行っていたことがウイルス侵入の要因となった可能性は否定できない．

カラスが多く見られ，豚舎まで入っていた．

●伝播元は不明であるが，新富町，高鍋町からの不特定箇所からの拡散，輸送による近隣伝播はごくありふれた伝播形態であると考えられる．また，鳥による伝染の事例は確認できていない．

伝播：当該農場から 292 番(292 例)目まで 650 m，そこから 291 番(291 例)目まで 650 m で，計 1,300 m であり，近隣伝播がウイルス侵入の要因になった可能性は否定できない．

●近隣伝播であるが，飛沫拡散による伝播は少々長距離であり，距離的には，この場合もやはり微小物質付着ウイルスによる伝播がよく起こる距離であり，その可能性が大きいと推測される．また，この場合，国道 10 号線に沿った伝播として土，砂埃，ダストが関与していることが推測される．

291 番目侵入(291 例目確認)(発病 2 番目)

所在地：宮崎市　　飼養状況：牛 38 頭　　発生確認日：6 月 18 日

推定発症日：6 月 14 日以降　　推定ウイルス排出日：6 月 11 日

推定ウイルス侵入日：5 月 29 日〜6 月 7 日

侵入：286 番(285 例)目農場から 1.3 km であり，近隣伝播によるウイルス侵入の要因となった可能性は否定できない．野生動物としてハトが多く見られ，牛舎の屋根に止まり，網の隙間から牛舎に侵入していた．

●近隣伝播は，この場合 1.3 km の距離である．種々の利用が考えられるが，風による伝播を考慮しないと，単に近いことだけでは理由にならない．すなわち，本報告では風という用語，言葉を極力避け，意識的に使用しないようにしているように筆者には思われる．何か特別な思惑があるのであろうか．そして，これには気象学，土壌学等や，その他の自然科学系専門家を調査チームに入れないことによる歪んだ推測によるのであろうか(原子力村に閉じ込もった独りよがりな推測の恐れがあるように)．

伝播：当該農場から292番(292例)目農場への可能性がある．

●動物による伝播は確認できていない．

292番目侵入(292例目確認)(発病3番目)

所在地：宮崎市　　飼養状況：牛16頭　　発生確認日：7月4日

推定発症日：6月21日以降　　推定ウイルス排出日：6月18日

推定ウイルス侵入日：6月7～14日

侵入：当該農場は286番(285例)目農場から650mにあり，近隣伝播としてウイルス侵入の要因となった可能性は否定できない．野生生物としてスズメ，カラス，ハトが見られた．牛舎に防鳥ネットを張ったが，スズメ，ハトは入り込んでいたことがあった．

●近隣伝播として非常に高い確率の可能性がある．その近隣伝播は，ほぼ間違いなく風が関与していたことを述べておきたい．特に，この時期は梅雨期であり，湿度の高い日が多くあり，また風速はあまり強くない日が多く，ウイルス輸送，伝播の条件が整っている日が多かった．

なお，鳥による伝播の可能性はあるが，今回の口蹄疫に関しては汚染された鳥類は確認されておらず，また，野生ほ乳類や昆虫にも伝播の事実は全くなかった．

5.4.5　国富町での発生(南方への拡大，発生末期)

290 番目侵入(290 例目確認)

所在地：国富町　　飼養状況：牛 234 頭　　発生確認日：6 月 16 日　　推定発症日：6 月 12 日以降　　推定ウイルス排出日：6 月 9 日　　推定ウイルス侵入日：5 月 29 日〜6 月 5 日

侵入：当該農場は，畜産，飼料，人関係についての調査からは侵入経路の特定はできなかった．なお，スズメ，カラスが見られた．

●精密な調査では侵入経路は不明とのことであるが，高鍋町，新富町，西都市等で発生が確認されており，10 km 程度であり，近隣伝播として全く問題なく，可能性がある．何も飼料，車両，人等を介した伝播でなくても，空気伝播としての可能性は相当高いと推測される．どうも空気，風，微小物質ではないとの先入感に惑わされているように思われてならない．

広域・他地域への発生状況の考察

① なお，熊本県の畜産地域，特に鹿児島県の畜産地域への伝播がなかったことは不幸中の幸いであった．逆に言えば，宮崎県のみで終息したことはむしろ不思議であり，ある意味では，人的，物流ともに県外との交渉があまり多くなく，特に地形的に県境が適当にあり，それらの県境(多くは山地の標高が高い場所)が防波堤になった，効果的な作用を果たしたと推測されるが，道路での防疫体制も効を奏したと思われる．しかし，必ずこのようにうまくいく保証はなく，たまたま宮崎県の地形が県外への伝播を抑える要因になったことは否定できない．

② 特に西方(熊本県)へは九州山地を越えることはできなかったためであろう．また，南方(鹿児島県)には霧島・高千穂連山，

そして鰐塚山地があるためである．わずかに都城市が盆地地形とはいえ，南北に走る峡谷があり，その谷地を吹く局地風によっての伝播の可能性は十分あったが，薬剤による消毒等によって辛くも防げたことは幸いであった．

③　さらには，季節が変わっての南東風の夏型の季節風により日向市から北への伝播の可能性が推測されたが，何とか必死の殺処分による防疫体制で終息に漕ぎ着けたことは幸いであった．あるいは，努力の賜であると評せられる．

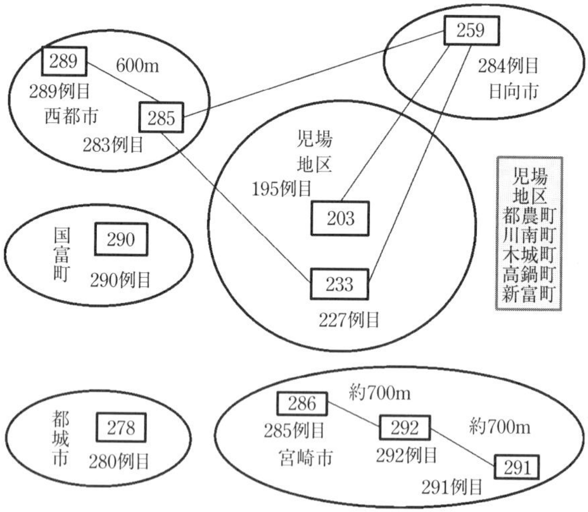

図-5.2　伝染経路に着目した発生農場間の関連図（発生後期）［疫学チーム（2010），一部改稿］

5.5 まとめ

本報告は，口蹄疫発生後，宮崎県，国において疫学調査班を組織し，発生農家や関係者の協力を得て侵入・伝播経路を解明するため，疫学関連情報を収集した．それら情報を科学的に考察して我が国への侵入経路とその後の伝播経路について調査，検討して報告された．それら結果を要約すると，次のとおりである．

5.5.1 我が国へのウイルスの侵入経過

口蹄疫ウイルス株はO型で，香港，韓国，ロシアと非常に近縁種であった．なお，中国のウイルス株は，遺伝子解析データを英国家畜衛生研究所(確定診断機関)に提供しなかったため相同性は検証できなかった．しかし，東アジアのウイルス株と近縁であるとの見方もある(関連性は後述する)．また，2000年の宮崎の口蹄疫ウイルス株とは近縁ではなかった．このため，アジア地域から人，物を介しての侵入が推定される．

農場への立入検査，臨床症状，進行程度，血清中の抗体価等を疫学専門家が一定のルールに従って各農場の発症日，侵入日を推定している．その結果，ウイルス侵入1番目は6例目確認農場と推定され，その時期は3月中旬であったと推定された．これに続き2番目は1例目確認農場，3番目は7例目確認農場で，その侵入時期は3月下旬～4月初旬であると推測された．なお，6例目と1例目間には疫学的関連が認められたが，6例目と7例目間には疫学的特定関連は確認できなかったとされる．

人的関係の感染については種々の調査をしたが，確認できなかった．なお，発生農家と海外渡航者等との接点はなかったものの，人の動きに伴うウイルスの侵入の可能性は否定できない．また，畜産関係者以外の人の動きも把握する必要があるが，農場等への出入りの記録は取られておらず，行動の把握は難しかった．今後は調査可能なような対策が必要である．

2000年の口蹄疫については中国からの麦藁が疑われていたが，確認はできていない．その後，中国からの稲藁，麦藁については，口蹄疫発生のない地域の生産物および加熱処理された物を農水省職員の立会いのもとで輸入することになっており，飼料からの侵入はまずあり得ないとされ，特に宮崎では1割の使用であり，それ以外の9割の各地での口蹄疫の発生がないことからも稲藁の侵入源はないものと判断されている．

家畜や畜産物についての輸入では，動物検疫所等で十分対策，処理されており，侵入源となる可能性はきわめて低いと考えられる．

5.5.2　ウイルスの伝播

ウイルス侵入後の伝播経路については，疫学的分析による推定ウイルス侵入日を前提に詳細に調査を行った．伝染経路がすべて解明されたわけではないが，多くの共通する伝播要因が考えられる．

a. 人・車両による伝播　4月20日の口蹄疫確認以前に10農場以上にウイルスが侵入していたと推定されるが，この間の農場関係者，獣医師，人工授精師，削蹄師等の人の移動，家畜，飼料，堆肥，生乳，死亡獣畜またはその他の畜産資材の運搬車両の動きが伝播の大きい要因であると考えられた．しかし，農場や畜産関係施設への人の出入りに関する正確な記録は取られておらず，さらには地域の日常生活に伴う一般的な人の動きの把握も困難であり，この種の情報収集には限界がある．また，バイオセキュリティが高いとされる農場でも，消毒装置や施設は整備されていたが，実際には十分な消毒が行われない事例や作業上の動線の衛生上の配慮が十分でない事例が確認された．

b. 近隣農場への伝播　口蹄疫感染家畜は，呼気中や糞尿中に大量のウイルスを排出するため周辺環境が汚染される．川南町付近の多発地域では多くの発生農場で感染家畜を殺処分するまでに長時間を要したことや，牛の 100 ～ 2,000 倍のウイルスを排出する豚にまで感染拡大したことで，発生農場の周辺環境までが大量のウイルスで汚染された．また，一部の農場では，近隣の堆肥置場へ別の発生農場からの糞尿が搬入されていたことが確認されており，ウイルスに汚染された糞尿を介しての伝播の可能性があった．これらのウイルスが飛沫として飛散し，共通の道路の利用，野鳥，昆虫等の小動物等の機械的伝播等，不特定の経路を介しての周辺農場への拡散の可能性があった．

5.5.3 野生生物による伝播

宮崎県の山間部には，口蹄疫に感受性のある偶蹄類として，シカ，カモシカ，イノシシが生息しているため，野生生物による伝播の可能性も検討した．8 月 20 日～9 月 13 日の 65 頭のサンプルおよび 5 月 25 日～8 月 4 日の住民通報の偶蹄類死体 14 頭も検査したが，すべて陰性であった．多くの発生農場は平野部に位置し，野生動物が感染拡大に影響したとは考えにくい.

5.5.4 今後の対応

引き続き，発生農家と最後まで発症せずワクチン接種した農家との防疫措置の違いを調査する．ウイルスの性状等を解明し，(独)動物衛生研究所で感染実験を行う．なお，疫学調査の精度を高め，侵入経路，伝播経路等の解明をより的確に進めるためには，各農場等において人・車両の出入に関する正確な記録が必要であるとしている.

6章

口蹄疫の防疫対応・改善報告 －口蹄疫対策検証委員会報告書－

農林水産大臣の要請による9名の第三者からなる口蹄疫対策検証委員会が2010年7月に設置され，調査，会合を重ねた結果，11月24日にその報告書(pp.46)が完成し，「口蹄疫対策検証委員会報告書」(口蹄疫対策検証委員会, 2010)（以降，検証委員会）が農林水産省HPに公表された．

本章では，「口蹄疫対策検証委員会報告書」の主要部を要約し，筆者の解説，コメントを●を付つけて示した．要約に当たっては，できるだけ正確かつ忠実に要約したが，項目，文章の重複が多いため分量的には約半分となっている．したがって，十分意を尽くせないところもあるかとは思われる．このため，詳しくは農林水産省HPの本文を参照されたい．

なお，項目立ては，**6.1** はじめに，**6.2** 今回の防疫対応の問題点，**6.3** 今後の改善方向，**6.4** おわりに，とし，「口蹄疫対策検証委員会報告書報告書」に則った．

6.1 はじめに

平成22(2010)年4月20日に宮崎県で1例目の発生が確認された口蹄疫は，川南町を中心とする地域で爆発的に感染拡大し，家畜伝染病予防法に基づく殺処分，移動制限等の措置のみでは蔓延防止が困難となったことで，我が国で初めて防疫措置として患畜・擬似患畜以外の健康家畜にもワクチン接種したうえで殺処分を行わざるを得なくなり，口蹄疫対策特別措置法が制定された．殺処分頭数は，我が国畜産史上最大規模の約29万頭に及び，防疫対応に相当の財政負担が必要になり，地域社会経済に甚大な被害をもたらし，国・県の防疫対応の問題点も指摘された．

これを踏まえて，2010年7月に農林水産大臣の要請で9名の第三者口蹄疫対策検証委員会が設置された．口蹄疫発生直後からの国・県等の防対応を十分に検証し，問題点を把握したうえで，我が国で二度とこのような事態が起こらないよう，今後の防疫体制の改善方向を提案するものである．

6.1.1 本委員会の開催経緯

口蹄疫疫学調査チームの調査状況を詳細に聴取し，宮崎県，県内市町村，生産者，生産者団体(全国段階)，他県，獣医師，防疫作業従事者等からヒアリングを実施した．

ヒアリング結果等を踏まえて意見交換し，9月15日委員会で「これまでの論議の整理」を公表した．その後，ヒアリング対象に地元マスコミ，家畜衛生専門家等を加え,「これまでの論議の整理」に対する意見聴取も行った.

10月19日，委員会で宮崎県口蹄疫対策検証委員会との意見交換も行い，議論の客観性の向上に務めた.

6.1.2 基本的状況認識

次のような基本的状況認識に立って検証を行った.

口蹄疫は，FAO（国際連合食糧農業機関）等の国際機関が「国境を越えて蔓延し発生国の経済・貿易・食料の安全保障に関する重要性を持ち，その防疫には多国間の協力が必要となる疾病」と定義する「越境性動物疾病」の代表例である．原因ウイルスによる成畜（成人の対語）の致死率は低いものの，伝染力が他に類を見ないほど強く，いったん感染すると，治癒しても長期間にわたり畜産業の生産性を著しく低下させる．また，外見上治癒しても，継続的にウイルスを保有し，新たな感染源になる可能性がある.

したがって，蔓延すれば，畜産物の安定供給を脅かし，地域社会経済に深刻な打撃を与え，国際的にも非清浄国として信用を失う恐れがある．このため，現在の科学的知見の下では，清浄国で発生した場合は早期発見と迅速な殺処分，焼埋却を基本として防疫対応を講じている.

発生は世界各地から報告されているが，アジア諸国で今世紀に畜産が盛んになってきた中で，2010年の発生例でも，中国，韓国，台湾，香港，ロシア沿海地方，モンゴルと，東アジアで確認されており，一層実効性のある防疫体制の再構築が急務である.

今回の原因ウイルスは，アジア地域の発生ウイルスと遺伝学的に最も近縁であり，これらの国から人・物を介して何らかの形で我が国に侵入した可能性が高い．

アジアで活発な流行がある中で国際的な人，物の往来増加のため，今後も我が国に侵入する危険性は高く，国際空港・海港の水際での検査を強化する一方，国内では侵入する可能性の前提で，国，都道府県，市町村，獣医師会，生産者団体，畜産農家が明確な役割分担の上に連携，協力して，実効ある防疫体制を早急に整備する必要がある．

ウイルスは変異しやすく，多くの動物種に感染するなど，「多様性」が特徴の疾病のため，従来の知識・経験だけでなく，最新情報を把握し警戒準備を怠らないことが重要である．

一方，我が国の畜産業は輸入飼料に依存し，規模拡大・生産性向上の結果，飼養密度も高く，発生すると蔓延の危険性が高い．10年前の発生を踏まえた防疫体制が確実に実効されず，十分機能しなかった点も指摘され，実際に機能する防疫体制にする必要がある．

口蹄疫以外にも，人獣共通感染症や食料安定供給に支障を与える多種の重大な感染症にも有効な防疫体制の構築が重要である．

6.1.3　本報告書の内容

以上の経緯と基本的状況認識の下に，今回の防疫対応の問題点と改善方向を整理した．

内容は多岐にわたるが，最重要事項は「発生の予防」と「早期発見・通報」，さらに「初動対応」である．財政資金投入も含めて関係者が力を注ぐことが結果的に国民負担も小さくすることにつながる．この点を特に強調しておきたい．

なお，ここで口蹄疫の発生および発生頭数と殺処分頭数を示す（**図-6.1**）．

●宮崎県における口蹄疫のすさまじい伝染状況と蔓延状況，およびその終息への過程がよく理解できる．しかし，5月の1ヶ月間にどうしてこのような激しい状況になったか反省が必要である．

理由，原因は既に幾つか述べてきたし，今後も言及するが，簡単にまとめると，

口蹄疫侵入以前の予防対策の欠如，

農家への口蹄疫情報の伝達欠如，

薬剤散布が遅く，不適切，

風による侵入，伝播現象への無理解，

非常事態宣言の遅れ，

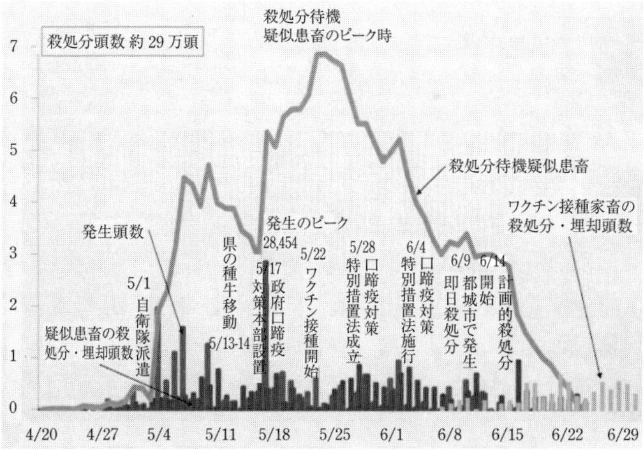

図-6.1　口蹄疫の発生および発生頭数と殺処分頭数（口蹄疫対策検証委員会，2010）

殺処分の遅れ，
埋設地の準備不足，遅れ，
ワクチン接種の遅れ，
生存させるためのワクチン接種の無検討，
種雄牛，和牛の稀少動物扱いの認識不足，
国(政府)・県間や政党間の対立問題，
口蹄疫専門家と他専門家との考え方の偏り，
等である．

6.2　今回の防疫対応の問題点

6.2.1　国，都道府県，市町村等との役割分担，連携の在り方

(1)　家畜伝染病予防法は，予防，蔓延防止のために，まず国が指針を作り，その指針に基づいて都道府県が措置することとされている．口蹄疫に関しては，2000年発生の口蹄疫を踏まえて2004年12月1日に作成された「口蹄疫に関する特定家畜伝染病防疫指針」に従って実施する必要があったが，防疫体制が不十分であり，特に国と県，市町村等との役割分担が明確でなく，連携体制も不十分であった．

口蹄疫ウイルスは，2010年3月中旬に既に宮崎県に侵入し，4月20日に正式に確認されるまでの初動の遅れ，および確認時に既に10箇所以上の農場に侵入していたことの重大性が認識されていなかった．すなわち，防疫訓練や日常的な予防，初動対応が不十分であり，2000年の教訓が生かされなかった．

国から都道府県への口蹄疫の防疫指示は，近隣諸国で発生したという事務的通知のみであった．国にも，2000 年の口蹄疫対応の成功したということで，今回は対応に甘さがあり，実効性のある防疫指示ができず，都道府県に伝わっていなかった．

口蹄疫に対する具体的防疫措置の責任は都道府県にあるが，全体の統括は国である．県も責任を自覚し，今後は防疫対応への改善が必要である．

(2)　国，自治体，自衛隊等が関連する防疫対応では，組織間の連携，指揮命令系統の一元化が重要であるため，防疫指針では，①家畜保健衛生所(家保所)等に現地対策本部，②発生地に都道府県防疫対策本部，③農林水産省に中央対策本部，を設置して対応に当たったが，それぞれの役割が明確でないうえに，県内に国の現地対策本部，市町村に対策本部，首相官邸にも国の対策本部ができるなど，対策本部が乱立した．権限，役割の混乱で，連携も取れないなど，種々の混乱が生じた．迅速な作業が要求される防疫作業において指揮命令系統の混乱した状況があった．対策本部の役割と権限を整理しておく必要がある．

●対策本部が乱立したことは，地震・津波，原子力・放射能対策での組織の乱立と類似しているように思われる．特に対処方法に関して，国と県の対立の問題があった．

(3)　県と市町村，獣医師会，生産者団体等の連携が不十分で，口蹄疫が確認された時点での消毒 4 箇所の寡少設定，埋却地選定の合議不良等，初期段階での連携不足が目立った．また，市町村や生産者団体でも，口蹄疫への認識不足や防疫に対する備え不足等があり，口蹄疫研修・講習会や防疫訓練もされてなかった．

6.2.2　防疫方針の在り方

(1)　口蹄疫の世界的発生状況や科学的知識は，国，県の段階までであり，防疫指針も，生産者に理解されてなかった．また，国県間でワクチン接種時期や種雄牛の取扱い等で多々食い違いがあった．

(2)　初期対応で感染防止不可の場合には，国は，次の対策の実施が必要であるが，豚感染による急増で殺処分できない待機感染畜数の急増と埋却地不足等のため，5月初旬に防疫方針の改定が必要であったが，殺処分前提の緊急ワクチン接種決定時期が5月19日と遅れた．また，国の防疫対応変更には，食料・農業・農村政策審議会家畜衛生生産部会牛豚等疾病小委員会の意見を聴く必要があるが，同委員会の対応や開催頻度に問題があった．

(3)　県所有の種雄牛の取扱い問題で，県，国は特例措置を繰り返し，現場に多くの混乱を与えた．種雄牛55頭を県家畜改良事業団1箇所で飼育し，繁殖農家に精液を提供していた．口蹄疫発生で移動制限区域内に含まれる牛6頭を移動させたが，1頭が発病し殺処分した．防疫指針は，「患畜と同じ農場で飼育されている偶蹄類家畜全部の殺処分」を求めているが，残り5頭は存続させた．種雄牛の分散飼育や精液必要量の貯蔵が重要であった．県の要請による国にも問題があり，ルールに従った対策が必要であった．29万頭の殺処分の中でも，県所有の特別扱いと民間種雄牛との取扱い差が不信感を深めた．

●防疫指針では，患畜と同一農場内飼育偶蹄類家畜の全頭殺処分がある．防疫指針は「指針」であり，農業土木関係では設計指針と設計基準は異なり，自ずと差がある．「基準」は法律に耐えねばならないが，「指針」では論議して決定されれば，ある程度の自由度はあると理解している．なお，筆者は5頭の殺処分の判断について，ある新聞社から電話で意見を求められた．話中には，問題なければ残してもよいとの説明であったと記憶しているが，他の説明に時間がとられ，問題がなければとはどういうことか，最終的には的確な回答をしなかったように後で思った．また，県と民間の種牛の差異は，判断が難しいとはいえ，民間では希望が多くなると収拾がつかなくなる恐れが懸念されるが，特別な理由(和牛，種雄牛の稀少動物扱い)がつけば，生存目的でのワクチン接種による延命も可能であっと思われる．

(4)　5月19日の国の対策の一つとして早期出荷促進緊急対策が決定され，搬出制限区域(10～20 km 圏内)の若齢牛豚の出荷により無家畜・緩衝地域設定を最有効手段として実施したが，食肉処理能力不足(事前調査不良)，移動制限区域内での食肉処理場開設の特別措置への畜産農家の不安，不信，通常出荷2農場での感染等で効果がなかった．

6.2.3　我が国への口蹄疫ウイルス侵入防止措置の在り方

(1)　2000年，日本の周辺国で発生し，3月に92年振りに日本で発生した．2010年にも中国，韓国，台湾で発生し，日本でも発生した．国は，危機感を持って対応する必要があった．

(2)　国際空港・海港では靴底消毒等の検疫措置はしていたが，徹底した入国管理は実施されていない．発生国からの旅行者の侵入防止理解や協力が不十分であった．

6.2.4　畜産農家の口蹄疫ウイルス侵入防止の在り方

(1)　国では，平成16(2004)年，家畜伝染病予防法に基づいて飼養衛生管理基準を設けた．これは伝染病から家畜を守るため，牛，豚，鶏の所有者が日常守るべき10項目が示されている．しかし，畜産農家段階では基準が守られていたとはいい難く，家保所も十分な指導を行っていなかった．2000年の口蹄疫発生で病気に対する危機感が高まったが，発生農場でも踏込み消毒槽，動力噴霧機，専用の作業着・長靴の未設置等のバイオセキュリティの低さが確認され，防疫意識は向上していなかった．

(2)　県畜産試験場(10例目)，JA宮崎経済連(13例目)，県家畜改良事業団(101例目)で感染が確認された．本来はバイオセキュリティが高いはずの施設への口蹄疫侵入を深刻に受け止める．

①　豚で感染した畜試では，従業員の通勤用車両の消毒槽無通過，消毒薬の誤使用，養豚域出入者のシャワー施設無使用，

②　3,800頭飼育のJA経済連では，養豚域出入者のシャワー義務はあったが，外周塀が低いためネコ等の侵入は自由，12例目農場の堆肥処理施設に近接，

③　家畜改良事業団では，牛飼育域出入者のシャワー施設無利用や発生確認後の入場者のシャワー使用無義務，

等の問題があった．

(3)　管理基準10項目は掲げていたが，緊迫感，具体性の欠如で実効性に乏しかった．消毒槽の無設置農家が多数あり，農家への確実な遵守，指導が必要であった．

(4)　家畜，堆肥，飼料，畜産資材の運搬，従業員の移動等の車両による伝播可能性が高い．また，感染確認，移動制限後でも家畜，

死亡獣，飼料，敷料等の流通業者車両のタイヤ，車体は消毒したが，運転手や運転席の消毒は不十分であった．

6.2.5　発生時に備えた準備の在り方

(1)　口蹄疫の中国での蔓延や近隣諸国での頻発は，重要な防疫対策情報であった．国は韓国での口蹄疫発生を受け，2010年1月7日と4月9日に都道府県に口蹄疫発生状況と注意喚起の通知等を発出し，家畜の臨床症状等の観察や衛生管理の徹底等を関係者に周知するよう依頼した．県はこの情報を受け，市町村，JA関係者にまでは伝達していたが，畜産農家に情報が伝わったかの確認はしていなかった．

(2)　宮崎県は，肉用牛全国3位，養豚2位の畜産県であるが，家保所は3箇所，家畜防疫員は47人で，1人当りの管理頭数は15,342家畜衛生単位(飼養頭数を牛1：豚0.2：鶏0.01の比率で換算．全国平均4,244単位)，畜産農家戸数は246戸(全国平均52戸)と，他県と比較して防疫員の負担が非常に大きい．伝染病発生の早期対応するには最新の農場・畜産情報の家保所による把握が不十分で，初動対応の遅れや被害拡大につながった．

(3)　埋却等の蔓延防止措置は原則として農場経営者が行い，県が場所の確保に務めるよう指導，助言を行うとされるが，大規模飼養農場では埋却地確保ができない農家が多く，県では埋却困難な場合の対応が未検討であった．発生後に埋却地確保を試みたものの，地下水の出水，住民の反対等で早期確保ができず，発生地でのウイルス増と感染拡大の一因となった．

(4)　口蹄疫蔓延の場合の地域産業・社会への影響は大きく，訓練，準備が重要である．2007年の鳥インフルエンザ発生に伴って研修，訓練は行っているが，対象は口蹄疫ではなかった．指針では，「緊急時の資材入手方法の検討と初動防疫に必要な資材の備蓄に努める」とあるが，消毒液等の備蓄は必ずしも十分ではなく，訓練の遅れや必要資材不足は，初期の混乱の原因となった．

6.2.6　患畜の早期発見，通報の在り方

(1)　蔓延防止には早期発見と早期淘汰が何より重要であるが，異常畜発見の見逃しや通報の遅れが感染拡大の大きな要因となった．

① 6例目農場：3月26日に初期症状が見られ，30日に獣医師から家保所へ通報があったが，数度の訪問，検査でも見逃してい

② 1例目農場：4月7日に流涎等の初期の症状を示し，9日には獣医師が家保所に通報したが，口蹄疫検査は行わず，経過観察とし，国の検査機関に検体を送ったのは4月19日であった．韓国で口蹄疫が蔓延し始めていた時であり，早期に対応すべきであった．

③ 7例目(大規模)農場：4月上旬には食欲不振症状の牛が多発し，22日には10数頭に流涎や糜爛を確認したが，社内通報を優先し，家保所への通報は24日であり，立入り検査では半数の牛房で流涎牛が確認され，蔓延状況であり，通報の遅れがあった．

●以上の3例の1箇所でも4月上旬の段階で早期確認ができておれば，蔓延は確実に防止できたと考えられる．重大な問題であった．

(2)　家畜改良事業団では5月13日に肥育牛1頭に発熱を確認したが，5頭が発熱，流涎が広がり，14日に家保所に通報した．12日に6頭の種雄牛を特例として移動する協議をし，13日に移動させ

る予定で一層の注意をしていたはずであり，通報の遅れは問題である．牛の移動を優先したと思われる事例で，うち1頭が発病して移動先一体が移動制限区域となった．

●5月16日確認の108番(101例)目で，高鍋町の家畜改良事業団では周辺での発生が多く，当然発生が疑われる中での発熱の通報遅れは重大である．また，13日段階で発熱があったが流涎がなかったため口蹄疫を疑わなかったとしているが，うがった見方では流涎を見落としたとも思われる状況がある．背景には種雄牛移動の問題があり，重要な時期でありながら，防疫が不十分となった結果は重大である．しかし，近隣では既に蔓延状態であり，風による微小物質付着ウイルスの飛来伝播は時間の問題であったと推測される．だから種雄牛を避難させようとしたのであろうが，この段階では基本的には特例の対処手段は避けるべきであった．一方，ワクチン接種後の延命手法の導入が必要であった．何も，ワクチン接種＝殺処分の方法でなくても可能であったはずである．これについては**2.2**参照.

(3)　国では，ワクチン接種家畜に疑わしい症状が出た場合には報告することになっているが，6月25日に発熱・糜爛症状の発見牛を報告せず，ワクチン接種家畜として殺処分していた．口蹄疫の典型的な症状は認められなかったとのことであるが，写真撮影や検体採取が必要であった．

●現場は非常事態で混乱した状況であり，かつ，どうせ殺処分するのであるから，報告なしで殺処分したと思われるが，ワクチン接種後の延命をする考えの場合には，報告されたと推測される．いわゆる，どさくさ紛れで実施したことは否めないと思われるが，現場での殺気だった状況下では，結果的には国，県への不信感の反映であったかもしれない，と推測するのは言い過ぎであろうか．

6.2.7　早期の殺処分，埋却等の在り方

(1)　診断確定後24時間以内の殺処分，72時間以内の埋却の遅れが感染を拡大させた．迅速な殺処分，埋却ができれば，もっと早く終息した可能性がある．重要な感染源対策が不十分であった．

(2)　当初，県職員の獣医師で対応したが，家保所のみで対応できなかった段階で民間獣医師に依頼すべきであった．また，都道府県獣医師の殺処分の任務には日頃の訓練が必要であった．

(3)　殺処分，埋却に際して獣医師が保定(診断，処置等の際に家畜の暴れ防止)作業を行わざるを得ず，作業停滞があり，また，現場での指揮命令系統未定の影響で防疫作業が遅れた．

(4)　埋却地確保や了解取付けに時間がかかり過ぎた．

6.2.8　その他の初動対応の在り方

(1)　第1例目の確定後，感染拡大の懸念から周辺農場の電話のみによる調査は不十分であった．

(2)　発生当初，国道10号線4箇所のみの消毒ポイントは，抜け道があり不十分であった．

(3)　交通規制の際，警察，国，県の事前協議に時間がかかり過ぎた．

6.2.9　初動対応で感染防止できない場合の防疫対応の在り方

(1)　豚感染による感染数急増による殺処分待機数増と埋却地確保遅延から，5月初旬には防疫方針変更が遅れた．

(2)　患畜，擬似患畜以外の健康家畜にも殺処分前提のワクチン接種が行われたが，経済的補償の法的裏づけがなく，決定，実行に時間がかかった．

6.2.10　防疫の観点からの畜産の在り方

国際競争力強化と生産効率向上のため，規模拡大政策がとられてきた．大規模化と「密飼い」は発生時には蔓延の危険性が高くなるため，規模に見合った防疫体制が必要であった．

6.2.11　そ の 他

(1)　産業動物の獣医療体制には様々な問題がある．獣医師が現場で活躍可能な教育体制ではない．公務員獣医師は家畜伝染病防疫や食品安全確保に重要任務を担っているが，その確保が難しい．国は，2010 年 8 月，「獣医療を提供する体制の整備を図るための基本方針」を定めたが，今回の口蹄疫発生の教訓を活かす必要がある．

(2)　県は畜産農家から発生場所等の情報を求めたが，個人情報保護を理由に情報提供が不十分であった．同法では，「人の生命，身体，財産の保護に必要な場合」は第三者への情報提供は制限されず，県条例でも，「緊急性や相当の理由がある場合」はできるとある．要は緊急な防疫措置である．県の同法理由の情報提供拒否は問題であった．

(3)　口蹄疫は科学的知見が不十分である．初期症状・感染の判定等の早期発見技術，感染拡大予測手法，検査方法やワクチンの有効性，消毒法とその効果等の研究が遅れている．科学的知見は防疫の基礎であり，研究の進展で防疫対応の改善ができる．

(4)　口蹄疫疫学調査チームの調査では侵入経路特定はできなかった．疫学的解析にも限界があり，難しさは国際的認識事項であるが，人，飼料等の物品，車両等の出入記録の寡少も感染経路特定の困難要因となった．

6.3　今後の改善方向

●文章の最後は，「……べきである」がほとんどである．例えば，**6.3.1**(1)の最終行は「基本とすべきである」と記されているが，ここでは，「べき」は省略して，「基本とする」,「基本である」等とした．

6.3.1　国と都道府県，市町村等との役割分担，連携の在り方

(1)　防疫対応には，混乱なく迅速，的確な防疫ができるように国，都道府県，市町村等の役割分担を明確にしておく．

①　防疫方針(予防，発生時の初動，感染拡大時の対応等)の策定，改定は国が責任を持つ，

②　具体的措置は都道府県が中心となり，市町村，獣医師会，生産者団体等との連携と協力の下に迅速に行う，

ことを基本とする．

(2)　防疫上の最重要は予防であり，国の防疫方針(飼養衛生管理基準等)に従って取り組む．都道府県は，十分な家畜防疫員の確保等の体制整備を行う．

(3)　特に初動は防疫方針に従って推進する．都道府県は日頃から準備しておく．

(4)　国は防疫方針の策定，改定に責任を持ち，方針に即した都道府県段階の具体的措置の実行に支援を行う．

具体的には，

① 予防措置の実施状況，発生時の準備状況，連携状況等の把握と改善指導，
② 定期的全国一斉防疫演習，
③ 発生時の必要な職員・専門家の派遣，

等の支援を行う．

(5)　対策本部は，

① 国の防疫方針を決定する農林水産省対策本部，
② 国の防疫方針に即した実施司令塔の都道府県対策本部

が必須である．

(6)　都道府県の防疫対応は，都道府県が中心になりつつも，市町村，獣医師会，生産者団体等との連携の下に防疫に当たるため，日頃から連携の在り方を明確化しておく．

(7)　都道府県が市町村に消毒や埋却等の協力を求める際は，国の財政支援措置が及ぶようにする．

(8)　近隣都道府県の連携，協力体制も日頃から準備し，防疫演習等を共同実施する．

6.3.2　防疫方針の在り方

(1)　防疫方針は，海外の発生状況(地域，型等)や科学的知見・技術の進展等を把握し，最新，最善にしておく．国は口蹄疫被害と波及影響，防疫措置の内容・目的，科学的根拠等を関係者に説明して共通認識とし，国民にも説明しておく．

(2) 予防措置と発生時の初動対応は，都道府県が実施可能なように明確にしておく．その際，都道府県，獣医師会，市町村等の意見を聴取し，定期的な全国一斉，都道府県ごとの防疫演習を開始し，問題点の把握，解消に務める．

(3) 防疫方針の時間的風化防止のために技術行政継承の仕組みの検討，特に人事面での工夫が必要である．

(4) 初動対応で防止できない場合の防疫方針の改定が必要である．第1例発生後，感染拡大の最小化のため，方針改定判断を可能にする．国は防疫，疫学の専門家を育成し，牛豚等疾病小委員会の開催等，その在り方の検討を行う．

(5) 種雄牛を含めた家畜は特例扱いを認めない前提で，凍結精液，受精卵等の遺伝資源保存，種畜分散配置等でリスク分散を行う．なお，稀少動物や展示動物等の種の保存が必要な感受性動物の特例扱いは事前に協議しておく．

●行政改革問題として支部，支局等のブランチの一方的な統合，縮小により，例えば，農場での気象，地域性を無視した状況が発生しており，種雄牛の分散管理においても統合，縮小の弊害がある．気象データの収集は多地点で行うことに意義があるが，例えば，黄砂や生物季節の観測でも，観測点数の縮小，減少は，種々の現象把握において，科学的解析上，不利となっている．その他，最近のいき過ぎた合理化，統合化は問題が多い．

(6) 早期出荷による緩衝地帯作成は，地域の実態把握，実現性を検討して実施する．

6.3.3　我が国への口蹄疫ウイルス侵入防止措置の在り方

(1)　東アジアでは口蹄疫が頻繁に発生しており，強い危機感を持って国際防疫に取り組む.

(2)　国は国際空港・海港での靴底消毒等の徹底とともに，諸外国の事例を研究して防止措置を強化する．例えば，入国者に過去一定期間の海外における農場立入り有無の申告と必要に応じた物品(靴等)の消毒．検疫探知犬活用による持ち物検疫の強化.

(3)　海外旅行者，国内関連企業等に口蹄疫感染力や感染後の国内外影響を訴え，検疫強化の協力を求める.

(4)　口蹄疫発生時には，国は発生地から出発する国内線・国際線接続国内線等の消毒強化を行う.

6.3.4　畜産農家の口蹄疫ウイルス侵入防止の在り方

(1)　口蹄疫防止には畜産農家の日頃のウイルス侵入防止が重要であり，伝染病の発生・蔓延防止にも重要である．効果的な侵入防止措置が必要である．都道府県は防疫意識を高め，飼養衛生管理基準を遵守させるため，定期的研修，遵守状況報告，立入り検査を行うため，市町村，獣医師会，生産者団体とも連携，協力する.

(2)　飼養衛生管理基準を遵守しない農家，指導しない都道府県に対しては，手当金等の削減，返還を含む何らかのペナルティを課す.

(3)　飼養衛生管理基準の内容をより具体化する必要がある.

①　農場の敷地を人の生活用と家畜生産用に分け，家畜生産敷地も管理区域と家畜飼養区域に分ける．農場の出入口を1箇所にするなど作業動線を構築する.

②　踏込み消毒槽，動力噴霧器等の消毒用の設備，機器を備え，専

用の作業着，長靴を常時設置する．

③ 発生国に滞在した人や発生国からの輸入物品を農場に近づけない．

④ 発生時の侵入経路の早期特定のため，人，飼料等の物品，車両等の出入を正確に記録する．

⑤ 大規模経営では感染影響が大きいため，早期の発見，通報等を確実にするよう家保所，獣医師会等と連携のとれる獣医師を置く．

(4) 高度バイオセキュリティが必要な施設は，独自基準の高度衛生管理を行う．

(5) 飼料，家畜，生乳等の運送車両は，日頃から車両外側と運転者席，靴底等を徹底消毒し，立寄り先を記録する．

(6) 獣医師，人工授精師，削蹄師，家畜運搬・死亡獣畜処理・飼料運搬業者等の農場立入り時の消毒を徹底する．

(7) 堆肥場の設置場所，消毒方法に十分注意する．

6.3.5 発生時に備えた準備の在り方

(1) 国は都道府県に通知を出すだけでなく，ウェブサイトに最新の発生・侵入状況等を掲載し，情報の共有を図る．積極的情報発信として地域連携の研修会等を開催する．

(2) 都道府県は農場関連情報を把握し，家畜伝染予防法に基づく立入り検査の実施で地域と連携する．畜産防疫員の増強や家保所と農家間距離を適切にする．国も統一的な防疫マップ共有等を工夫する．

(3) 都道府県は埋却地確保を把握し，不十分な農家を指導し，事前確保不能時の共有地活用，焼却，運搬等の対応を準備する．

(4)　都道府県は日頃から防疫演習を活用し消毒薬等の防疫資材を把握，準備し，国は大規模発生に備え大型防疫機器等を用意する．
(5)　都道府県は防疫演習を毎年定期的に行い，防疫体制を点検，改善する．

6.3.6　患畜の早期発見，通報の在り方

(1)　口蹄疫症例の発見，通報と責任機関の迅速な対応は，一刻を争う初動要点である．擬似患畜の発生時の獣医師，農家から国への通報体制が必要である．通報の遅れの悪影響を今回の教訓から学び，早期通報者の社会的評価も必要である．
(2)　具体的な通報ルールを作る．擬似家畜の発生時，国の口蹄疫症状と照合し，獣医師・農家→家保所→都道府県畜産部局と連絡し，写真と検体を家保所→国［(独)動物衛生研究所］に送る．出荷停止等の防疫措置のルール作りと損失の財政支援を行う．
(3)　正規の通報ルールによる患畜には財政支援を行い，通報遅れ農家，都道府県等に対してはペナルティを課す．
(4)　家保所，都道府県でPCR法，簡易検査法の診断を実施する意見もあるが，①確定検査で陽性時の感染起点の恐れ，② PCR法では高バイオセキュリティ施設が必要，③正確な判定には相当の検査経験が必要，等から(独)動物衛生研究所で行う．農家の簡易検査にはウイルスが拡散しない手法開発を促進する．なお，簡易検査には活用ルールを定め慎重に扱う．

6.3.7　早期の殺処分，埋却等の在り方

(1)　都道府県は早期に殺処分，埋却等ができるよう埋却地の事前

確保，作業方法，作業員構成の明確化，協力体制整備，防疫従事者の安全を推進する．

(2)　都道府県は獣医師会と連携し，作業に習熟した民間獣医師の能力活用を可能にしておく．

(3)　国は作業マニュアルを定め，防疫演習により現場に定着させておく．

(4)　国は習熟した人材と必要資材も準備した緊急支援部隊を用意し，防疫作業を支援する．

(5)　埋却地の農家での事前確保が不十分な場合を想定し，都道府県は事前準備をしておく．

(6)　埋却地の公有地活用や既存施設活用の焼却処理，レンダリング(屑肉から肥料，飼料，洗剤等の原料用油脂，ミールを作ること)処理を考慮しておく．密封輸送車，移動式レンダリング車，糞尿処理法の研究開発を進める．

6.3.8　その他の初動対応の在り方

(1)　各地域の初発確認には電話の聞取り調査のみでなく，周辺農場への立入り検査を実施し，臨床・抗原検出・抗体検査等で浸潤状況を把握し，防疫対応に活かす．

(2)　国はウイルス感染防止の消毒ポイント設置法，効果的な消毒法のマニュアルを決め，防疫演習を現場に定着させておく．その際，科学的有効性の研究を推進する．

(3)　都道府県は消毒ポイント・方法を準備し，設置場所の決定には交通事情も配慮する．

(4)　交通規制には警察と国-市町村の道路管理部局間で協議，調整を行っておく.

6.3.9　初動対応で感染防止できない場合の防疫対応の在り方

(1)　第1例発生直後, 国の責任で防疫専門家を現地に常駐させ, 的確な判断を下す. このため防疫・疫学専門家を育成しておく.

(2)　初動対応は感染拡大防止が最良であり, 緊急ワクチン接種や予防的殺処分は安易に行わない. ワクチンは変異株に無効果の場合もあり, ワクチンの限界も周知しておく.

(3)　感染拡大の対策案を科学技術的・多角的に検討し, ワクチン接種, 抗ウイルス薬, ワクチン不使用予防的殺処分等を検討しておく.

(4)　初動防疫では感染防止不能時の対策として経済的補償を含め, 迅速対策に向けた予防的殺処分を家畜伝染病予防法に明記しておく.

6.3.10　防疫の観点からの畜産の在り方

(1)　家畜衛生欠如の畜産振興はあり得ない. 規模拡大, 生産性向上に向け防疫対応可能性の観点から見直す必要がある.

(2)　飼養規模, 密度等の経営の在り方について, 国, 都道府県はルール設定, 制御の法令を整備する. その際, 国は畜産経営の在り方の基本方針を示し, 防疫対応実施が都道府県中心であり, 円滑な防疫対応の観点から都道府県に権限を付与する.

(3)　特に大規模経営は周辺への影響が大きく, 早期発見, 通報を確実化するため,

①　家保所, 獣医師会等と連携の取れる獣医師を置く,

②　現場管理者に獣医師, 家保所への迅速通報を社内ルールに義務

づける，

等の手当が必要である．

(4)　2000年の発生では輸入飼料が疑われ，対策強化されたが，ウイルス侵入防止から輸入飼料でない粗飼料完全自給を目指す．

6.3.11　そ の 他

(1)　大学での産業動物実習，獣医師免許取得後の研修，獣医師以外の獣医療従事者資格の制度化等の獣医療体制強化を推進する．

(2)　家保所の業務範囲がBSEや鳥インフルエンザ等の防疫に加え，公衆・食品・環境衛生や野生動物対応等，飛躍的業務拡大があり，家畜防疫員の現場対応能力を処遇改善や研修制度充実等の環境整備も含めて補強する．

(3)　強感染力の伝染病防止には，農家に対して発生農場の基本的防疫情報の提供が必須である．都道府県は発生農場の取材殺到や感染拡大防止のためマスコミの協力のもと農家にその情報を提供する．

(4)　発生予防に口蹄疫検査法，ワクチン，抗ウイルス薬，消毒法・効果等，口蹄疫全般の高実効性研究を推進する．ウイルスを取り扱う研究施設は，国際防疫やテロ対策上，国際基準を満たす必要があり，ウイルス所持等の管理法を構築する．国の防疫対応に重要任務のある(独)動物衛生研究所を国との一体的対応を容易にするため国立機関に位置づけ，体制強化を検討する．

(5)　ウイルス侵入経路の早期特定の観点から，農家に人，飼料等の物品，車両等の出入記録を義務づけ，国，都道府県は発生直後から疫学調査を開始する．

6.4　おわりに

今回の防疫対応では，国と都道府県，市町村等との役割分担，連携，ウイルス侵入防止措置，発生時に備えた準備，患畜の早期発見，通報，初動対応，感染拡大後の防疫対応等の様々な点において多くの改善事項が認められた．

国においては，家畜伝染病予防法の改正，的確な防疫方針の提示等，様々な改善措置に早期かつ着実な実施を期待する．

都道府県は防疫措置の実行責任者であることを深く自覚し，国の防疫方針に基づき市町村，獣医師会，生産者団体等と連携，協力しつつ，予防，発生時に備えた準備，発生時の早期通報や的確な初動対応等に万全を期すことを期待する．

農家には人，車，物の出入時の消毒に万全を期し，自らの農場にウイルスを侵入させないなど，適切な衛生管理の実施を期待する．

最も重要なことは，「発生の予防」，「早期発見・通報」，「初動対応」である．財政資金の投入も含めて関係者の力の傾注を強く期待する．

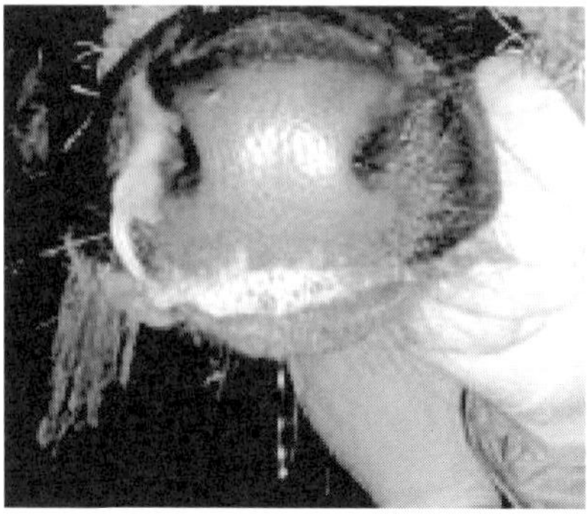

舌先端部の糜爛と泡沫流涎
および鼻孔の糜爛
[(独)動物衛生研究所 HP]

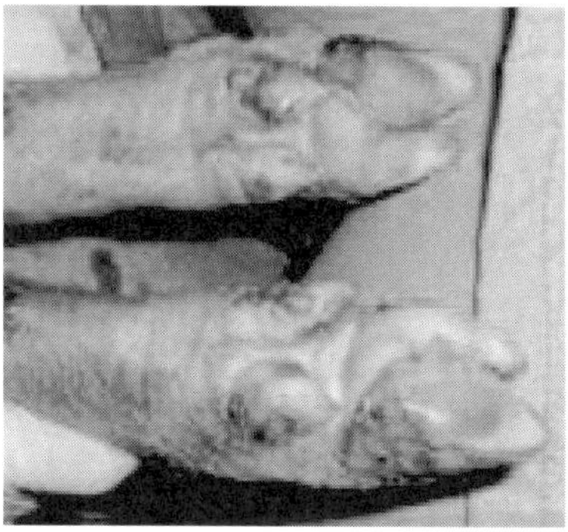

蹄にできた水疱
[(独)動物衛生研究所 HP]

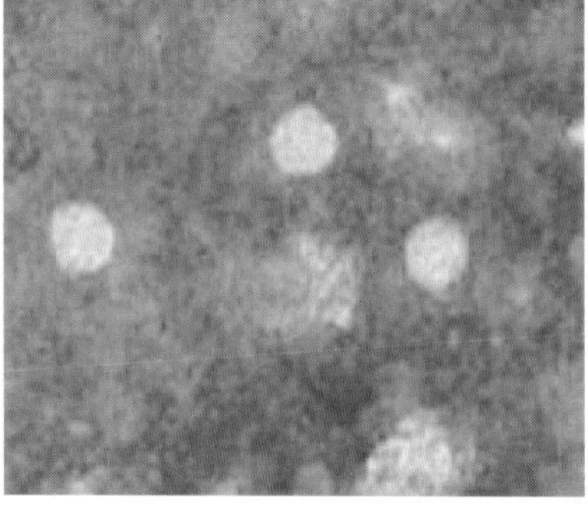

日本で分離された口蹄疫ウイルス 0/JPN/2000 株．直径 25 nm ほどの粒形粒子
[(独)動物衛生研究所 HP]

7章

日本学術会議からの黄砂，大気汚染物質に関する報告，提言

日本学術会議からの報告「黄砂・越境大気汚染物質の地球規模循環の解明とその影響対策」(**図-7.1**)(真木ら, 2010a)では，黄砂と越境大気汚染物質に関し詳しい解説を行い，情報を豊富に取り入れ，専門的に，かつ政府，国民にわかりやすく記述した．その中の主要部については既に1章で解説した．そこで，早々と口蹄疫，特に中国，韓国での発生と日本飛来の懸念に触れている．

以下に，報告の「要旨」(作成の背景，現状および問題点，報告の内容)を示す．なお，詳しくは日本学術会議HPを参照されたい．

報　告

黄砂・越境大気汚染物質の地球規模循環の解明とその影響対策

平成２２年（２０１０年）２月２５日
日　本　学　術　会　議
農学委員会　風送大気物質問題分科会

図-7.1　黄砂と口蹄疫に関する記述のある日本学術会議の報告書(真木ら, 2010a)

7.1　報告の要旨

7.1.1　作成の背景

近年，地球規模の多様な環境問題が重大な社会問題となっている状況下で，アジア大陸では沙漠化，過放牧，過耕作，森林伐採等によって黄砂が多く発生し，日本，韓国に輸送されるとともに地球を回遊し，グローバルに影響を及ぼる現象がわかってきた．また，黄砂は，酸性雨の中和作用や海洋への栄養塩供給の面もある一方，雲の凝結核となり太陽放射を遮るため，地球温暖化とも関連し，最近，気候変化への影響が指摘されている．さらには，中国では大気汚染が激しく，日本への輸送による越境大気汚染と酸性雨の増加が懸念される．黄砂と大気汚染物質の結合による変質と光化学汚染が観測される中，特に人間，環境への正負両面の影響を明確にするとともに，黄砂と大気汚染の高精度，最先端の科学的解明とその的確な防止，対策が強く望まれる背景である．

7.1.2　現状および問題点

近年，地球温暖化，沙漠化等によって中国，モンゴルで黄砂が多く発生するようになり，特に2000～2002年の3年連続の急激な黄砂の増加は異常な現象であったが，その後も相当高頻度で継続しており，人間，動植物への悪影響と種々の環境変化を及ぼしている．中国では，大気汚染が大都市から中小都市でも重大な問題となっている．多量の大気汚染物質が輸送される中，最近，西日本では光化学オキシダントが問題となっており，変質した越境大気汚染物質が疑われるが，解明されていない．特に，黄砂と大気汚染物質の化学反応による変質とその悪影響が懸念され，そして，人間，動植物の病原菌の伝播，蔓延への関与が疑われるが，解明できていない状況がある．

7.1.3　報告の内容

中国の黄砂と大気汚染，およびアフリカ，オーストラリアの紅砂の発生，輸送，そして，それらが及ぼす影響に関する短期的・長期的提示の項目，内容を示す．

黄砂，大気汚染に関して，黄砂，ダストのタクラマカン沙漠，ゴビ沙漠での舞い上がり，黄砂の発生・輸送過程と予測，対策，大気汚染の発生・輸送過程と越境大気汚染の影響，大気汚染による酸性化，酸性雨の影響，黄砂と大気汚染物質との結合による化学的変質の影響，黄砂の海洋への供給による植物プランクトン増殖の影響，大気汚染物質，酸性雨による海洋の酸性化，黄砂付着病原菌の輸送，伝染，蔓延、黄砂・沙漠化防止用防風林と緑化の効果，黄砂，大気汚染による地球規模の気候変化への影響，人文社会科学系問題等について広範囲に総合的に検討を行った中から，今後の研究の推進に必要な重要事項について，次の 18 項目の課題を提示する．

① 黄砂発生と中国，モンゴルの沙漠化との関連性，黄砂発生地域での砂の舞い上がり現象，黄砂輸送形態の観測，評価，解明

② 黄砂発生地域からの輸送形態と日本国内および太平洋，アメリカ大陸等地球規模での輸送形態の観測的評価，解明

③ 黄砂と農薬，肥料，大気汚染物質の相互作用による物理・化学

的変質の評価，解明

④　黄砂と大気汚染物質の水蒸気・氷晶核・雲物理反応の特性解明

⑤　地球温暖化，気候変動と黄砂，大気汚染物質の関連性の評価，解明

⑥　黄砂による家畜，作物等の病原菌輸送現象の解明と病原菌飛来起源域の特定，および黄砂付着病原菌のDNA同定と防疫体制確立

⑦　黄砂による人間への健康影響の評価，解明とその黄砂発生地域の特定および防止対策

⑧　黄砂によるアレルギー疾患，花粉症等との関連性の評価とその防止対策

⑨　黄砂による農業，特に畜産，水産業への正負の影響評価，解明

⑩　広域海面への黄砂降下による地球規模の気象，気候への影響評価，解明

⑪　黄砂・紅砂発生源地域における沙漠化防止のための基本的環境対策の強化

⑫　黄砂・紅砂発生に対する格子状防風林，草方格等を用いた広域気象改変による防止対策

⑬　黄砂・紅砂発生防止に対する画期的人工降雨技術等の導入による防止対策

⑭　アフリカ・サハラ沙漠の紅砂発生予測と地球規模の大気循環機構への影響評価，解明

⑮　オーストラリア沙漠の乾燥，塩類化と紅砂発生・輸送状況の評価，解明とその防止対策

⑯　越境大気汚染物質の輸送軽減のための抜本的対策技術開発と普

及の推進

⑰　超微量大気汚染物質のモニタリングおよび土壌，湖沼の酸性化とオゾン，過酸化物の生物影響評価，解明

⑱　黄砂，紅砂と大気汚染の人文社会科学系問題に及ぼす影響の評価，解明

この報告は政府，国民に対してのものであり，特に行政に関しては，国土交通省，環境省，文部科学省，農林水産省，産業経済省，外務省に，また研究に関しては，大学をはじめ産官学の研究機関，公立試験研究機関に対する報告として取りまとめたものである．

以上が日本学術会議「報告」の一部引用である．なお，「畜産の研究，64(7)」(真木, 2010a)および日本気象学会，日本農業気象学会，日本生物環境工学会等に，報告「黄砂・越境大気汚染物質の地球規模循環の解明とその影響対策」の要約(作成の背景，現状および問題点，報告の内容)が掲載されている．

7.2　報告の結語

黄砂は，最近，急速に科学的研究が進み，考察が加えられ進展しており，その関係の単行本も数冊出版されている．しかし，特に黄砂関連に限れば，科学的進展が出遅れた観は否めないと思われる．現在は相当挽回はしているが，出遅れた分，まだ十分解明されていない現象，事項が多い．それは，黄砂関連は非常に幅広い科学分野を包含しているからと考えられる．すなわち，人文科学系から，その他の多くは自然科学系であり，研究すべきことは広範である．

一方，大気汚染は，人為的行為の結果である．それが黄砂と結びついて地球規模で悪影響を与え，気候変化すら起こしかねない状況を作り出している．したがって，両者の相互関係を総合的に早急に解明する必要がある．

黄砂，大気汚染の科学的研究は急速に進展する正念場に来ていると判断できる．今，ここで手を緩めず推進することにより，研究の基礎的データが得られやすい状況にあるため，一挙に研究が進むと推測される．黄砂と大気汚染の情報，技術は，科学者はもとより，為政者にとっても有益であり，その結果は間違いなく国民生活に還元されると考えられる．

黄砂と大気汚染問題は，日本学術会議の課題別分科会としては短期間の検討であったので，範囲，条件を絞って対応してきた．そのため，広範で奥の深い課題であるが故，幾つかの問題点は残るかもしれない．

しかし，それらについては数年先に対応するとして据え置き，その時点で課題を再検討する方が重要かつ有益であると考えられる．したがって，現時点で対応できない事項は，今後の展望につながるものと考えている．

8章

鳥インフルエンザの発生，蔓延について

日本でも高病原性鳥インフルエンザの発生は頻繁であるが，特に韓国では，2011年1月25日現在，516万羽の殺処分となっており，5月18日現在，647万羽の殺処分を行い，8月には清浄国に復帰している．

日本では，高病原性鳥インフルエンザは，2004年，79年振りに山口，大分，京都の，それぞれ離れた場所で発生した．このうち山口と大分は，黄砂が原因と推測される麦さび病(2007, 1983年)の山口と大分のみの発生と関連する興味深い現象である．

その後，高病原性鳥インフルエンザ(H5N1ウイルス)は，2010年11月29日，島根県安来市のニワトリで発生し2万羽が殺処分された．続いて2011年1月21日，宮崎県宮崎市1万羽，1月23日，宮崎県新富町41万羽, 1月25日, 鹿児島県出水市1万羽, 1月26日, 愛知県豊橋市15万羽，都農町，延岡市等で発生し，速やかに殺処分されているが，その後も3月まで発生し続けた．

結果的には2010年11月〜2011年3月に9県(島根, 宮崎, 鹿児島, 愛知，大分，和歌山，三重，奈良，千葉の各県)の24農場で発生した．

3月24日，すべての防疫措置が完了し，6月24日に3ヶ月経過したことから，OIEの基準により鳥インフルエンザ清浄国に復帰した．

なお，野鳥での発生は，16道府県で15種，60羽であり，まさに渡り鳥の移動に伴う伝播と推測される．

高病原性鳥インフルエンザの潜伏期間は数時間〜7日であり，2日程度で死亡するとされる．鳥インフルエンザの伝播は主に鳥(渡り鳥)によるものであるが，黄砂による伝播も否定できない．韓国，中国で発生し，日本国内で点々と発生し，また，口蹄疫と同様，宮崎県が多く発生している．これは黄砂が2010年11，12月に例年になく非常に珍しく多かったことが関与すると考えられる(**図–8.1，8.2**)．

図は2010年末までの黄砂のデータである．過去50年(図上では44年間)の記録で初めての，かつ大幅に更新した現象であったことを強調しておきたい．黄砂は，島根(安来市)，鳥取では11月12〜14日に観測され，宮崎では11月12〜13日，12月3，11〜12日(12日は全国で宮崎のみ)に発生している．鹿児島(出水市)では12月3，11日に発生している．なお，熊本(出水市に近い)では12月3，12〜15，23〜24日の発生であり，出水との関係が高いと推測される．

なお，出水市は野生のツルの飛来地で有名で，毎年1万羽以上が渡り鳥として海を越えて渡って来て，越冬してから再び海を渡って帰って行く．この地での発生は，自然のツルの生存にどの程度波及するかが懸念されたが，それほど重大な状況には至らなかったことは幸いであった．

また，鳥インフルエンザの場合，黄砂との直接の関連というより

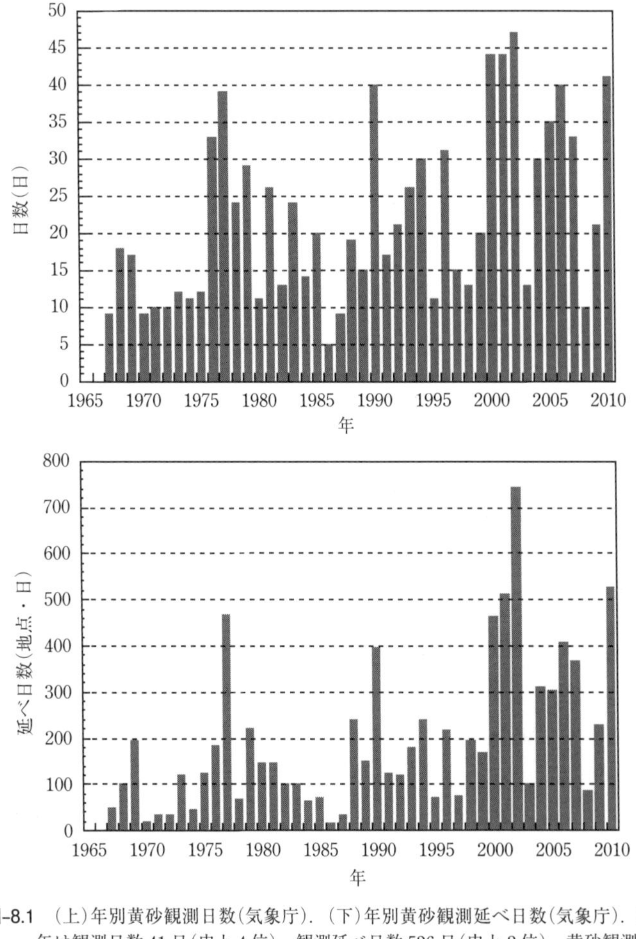

図-8.1　(上)年別黄砂観測日数(気象庁).（下)年別黄砂観測延べ日数(気象庁). 2010年は観測日数41日(史上4位), 観測延べ日数526日(史上2位). 黄砂観測地点数は, 2010年6月以降10月までに67地点から61地点に変更されている

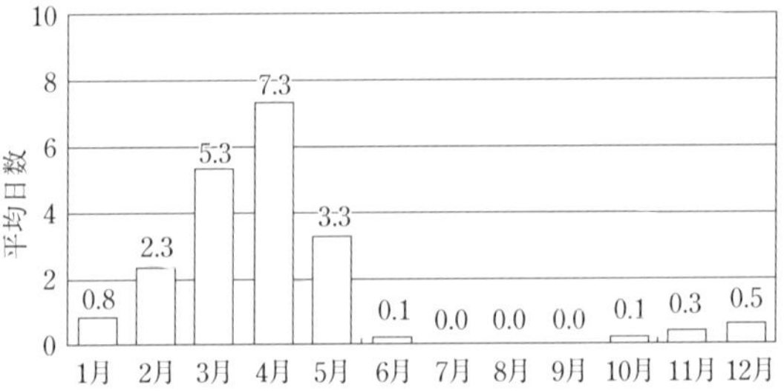

図-8.2　月別黄砂観測日数平均値(気象庁)(2010年10月1日現在)．黄砂を目視観測を行っている61地点について，黄砂現象が観測された日数を月別に集計し，1971～2000年の30年間で平均した値

も，間接的な，例えば，感染した野鳥がアジア大陸から避難して日本国内で感染したとか，黄砂の微粒子を吸い込んだ野鳥やニワトリが、粒子の無機質鉱物で肺等に害を及ぼし，抵抗力の減退により鳥インフルエンザウイルスに感染しやすくなった可能性等が考えられる．そして，その他アレルギー性反応によっても，冬季の厳しい気象環境のもと，何らかの悪影響が出たものと思われる．したがって，黄砂の間接的な影響は大きいと判断される．

ただし，ある感染の段階で病原菌に汚染した黄砂が何らかの意味で関与するが，その発生には野鳥による伝播，および微小塵埃等による風による伝播，水面・水中での水流による伝播が影響していると推測される．もちろん，鳥を経由しての伝播が主であり，そのうえでの，という意味である．

ここで，国内で発生している鳥インフルエンザは，野鳥，ネズミ等の動物が伝播・媒介源とされるが，それのみではなく，羽毛，脱落皮膚，糞便の飛沫(汚染微小物質)，埃，煤塵，土・砂埃，植物葉

(枯葉)等の飛来物等の微小物質が風に乗っての伝播，あるいは水による媒介も原因であることを強調しておきたい．

疫学の専門・研究者，行政者，マスコミ関係者，および広くは一般の多くの人々がこれらによる空気伝播をなぜ理解できないのか残念である．したがって，この種の空気伝播が念頭にないため対策もちぐはぐで，防止，防疫が不十分になっていることを懸念するものである．

▼下から上へ，オアシスに次々押し寄せる高さ 20 m，幅 300 ～ 400 m の砂丘

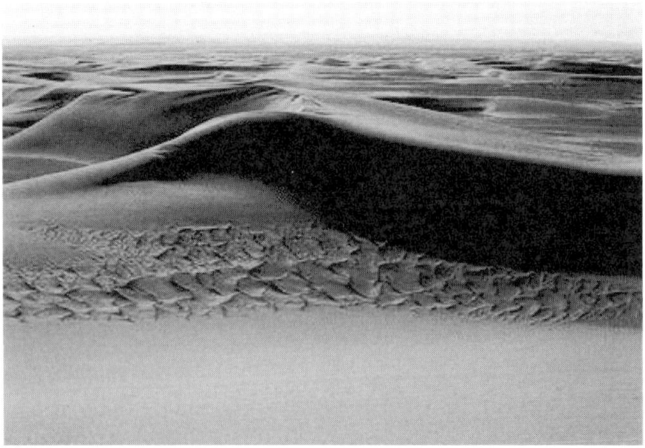

▲タクラマカン沙漠の白色沙漠．黄土高原は黄色沙漠．中国南部のは紅色沙漠と呼ばれる

9章

2007年の大分県，山口県での麦さび病の発生，伝染状況

大分県では，2007年4月，麦さび病（**図-9.1**）が発生した（山崎ら，2008）．以下にその要約と筆者の考察を述べる．麦さび病［小麦黄さび病（**図-9.1**）］は，1983年に多発して以来24年振りであった．1983年の前の発生は1966年で，17年振りであった．17，24年等と約20年ごとに発生しており，頻発するわけではない．しかし，逆にこのような間隔であることは，かえって黄砂が原因であると推測できる可能性がある．そして，今後とも麦さび病の発生が懸念される．

図-9.1　麦さび病（島根県農作物病害虫雑草図鑑，島根県農業技術センターHP）

同定による小麦黄さび病は大分県全域で発生し，特に県北部・東部で多かった．小麦さび病は，*Pucciniastriiformis* Westendorp var. striiformisによる病害で，やや盛り上がった黄色の紋や粉状条斑(夏胞子)を形成し，その後，その周辺に冬胞子層を形成する．他のさび病と比較して発生時期や病気の進展は早く，日本では北海道等の寒冷地で発生が多い病害である．

以前には研究も多かったが，長らく発生しなかったために対処法も忘れられ，対策が不十分であった．

2006～2007年の冬季は平年気温より2℃も高く，小麦の生育が早く，品種「チクゴイズミ」の出穂期は，場所にもよるが，3月30日で17日早いもの，4月4日で11日早いもの等があった．生育が早いと軟弱で罹病しやすく，発病が激しくなる傾向が推測されるが，必ずしもそうでない報告もある．

一方，麦さび病は低温で発病しやすい特徴(深野，横山，1962)がある．この場合は，3月の平年以上の高温で平年より早く生育した小麦に黄さび病の発病時期4月の平年以下の低温が密接に関与したと推測された．古くから，麦さび病の第一次伝播源を考える際の主要な説に，中国華北方面から晩冬～早春にかけての偏西風による黄砂とともにもたらされる説がある(明日山，1946)．山崎ら(2008)は，この説をこの場合に当てはめて解説している．

2007年，黄砂が相当多かった状況，そして1983年にもかなり多かった状況がわかっている(**図-8.1，8.2**)．黄砂が活発であったことと，麦さび病が山口県，大分県で発生し，かつ多発したこととは，かなりの程度，関連性はあると推測される．

新華社通信によると，2006年秋季，中国大陸では麦さび病の発生地域は広く，発病程度も高かったことが報道されていた．したがって，発生地域からの飛散・輸送条件は広く分布していたことになる．大分県における黄砂の飛来は，2007年3月26〜30日，4月1〜3，9日に観測されていた．麦さび病の接種後の潜伏期間は11〜30日程度で，平均14〜15日である（田中ら，1962）．つまり，発病時期は黄砂飛来日の2週間〜1ヶ月後の4月中・下旬以降であった（**図-9.2**）．すなわち，第一次伝播源と想定される黄砂の飛来が多かった3月下旬〜4月上旬頃にほぼ一致する．

大分県では20年以上も長期間確認されておらず，また，夏季の平均気温22〜23℃以上が長期間続くと，夏胞子や菌糸は死滅しやすいため本州以南での越夏は不可能であることから，県内感染源は考えにくいと結論づけられている．したがって，黄砂説が浮上してくることになる。

また，山口県内の下関，山口への黄砂の飛来は3月26〜29日，4

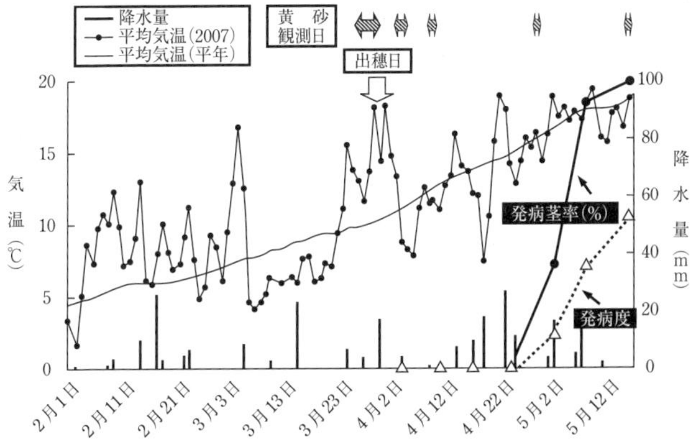

図-9.2　麦さび病の発生と気象，黄砂との関係（山崎ら，2008）

月1，2日であった．大分，下関，山口の3箇所の発生を考えると，広範囲な観測日は4月1，2日であり，潜伏期間を考慮すると，麦さび病の発病がかなりよく一致すると判断される．

2007年に他の地点で発病が確認されたのは，瀬戸内海を挟んだ山口県のみであった．山口–大分県間の距離は約50 kmで，大分県北部と東部で発病が多かった．そして，1983年の多発年にも同様の隔地での発生があった．遠く離れた2地点で同時に発生することは，黄砂説を裏づける有力な情報となる．

すなわち，中国からの黄砂付着の麦さび病原菌による発生，蔓延であるとするのがより適切な判断と推測される．

おわりに

「口蹄疫の疫学調査に係わる中間取りまとめ－侵入経路と伝播経路を中心に－」(疫学チーム, 2010),「口蹄疫対策検証委員会報告」(検証委員会, 2010)は，口蹄疫ウイルスの侵入，伝播に関する詳しい調査を行い，関連情報を収集し，解析している．これらの調査，解析は精力的に，かつ詳細になされ，多くの情報や問題点を抽出しており，評価したい．しかし，一部の関連情報だけが詳細に把握されても，どこかが欠如していることにより，残念なことながら十分その効果を果たしたこととはならないと判断される．せっかくの解析が誤った方向に向かい，結局，最終的な結論が不確かな結論になりかねないことが懸念される．

侵入経路，伝播経路は不明との結論であった．

また，2000年の宮崎県，北海道での口蹄疫発生の伝播については中国から輸入した飼料藁に原因があるとしているが，果たしてそうであろうか？　明確ではなく，筆者はそのように考察していない．では，2010，2000年の口蹄疫ウイルスの侵入経路，伝播経路をどのように把握すべきであろうか．前述してきたとおりである．

英国では口蹄疫発生解明のための調査，精査に複数の専門家が加わっているように，今回の宮崎県での調査においても，その後の解析においても，疫学チームだけでなく，例えば，気象，土壌の専門家を加えた論議を行うことが不可欠であったと考える．現在，厳しく指弾されていることに，東日本大震災における福島第一原発の地震，津波による未曾有の災害に対して，「原子力村」と揶揄される学問分野での偏狭さと囲込みへの批判がある．この口蹄疫に関しても，「ウイルス(疫学)村？」と揶揄されそうな背景を持っている．これは，十分に思考慮すべきことであると考える．ここには専門委員を推薦する農林水産省担当者(行政職)の考え方の偏りが大きく影響していると推測される．

日本学術会議・報告「黄砂・越境大気汚染物質の地球規模循環の解明とその影響対策」では黄砂と口蹄疫について提示しているが，今後とも注意が必要である．2000年3月12日の宮崎市での口蹄疫発生は3月7日の黄砂，そして2010年の口蹄疫発生は3月16，21日の黄砂が主原因と推測している．

黄砂は，中国が起源とし，韓国，日本を経て，太平洋を越え，アメリカ，カナダ，大西洋を越え，ヨーロッパ，そして中国へと，地球規模で輸送され，地球1周は12〜13日間程度である．2010年は宮崎県のみで口蹄疫の蔓延を抑え込んだが，黄砂，ダスト，塵埃，土埃は長距離輸送されるものである．黄砂に限らず，国外からの口蹄疫侵入の可能性が常に存在する．常時の予防的対策が不可欠である．

黄砂による病原菌，ウイルス，大気汚染物質の輸送が懸念されることは，地球規模で回遊しているため，病気発生の危険性がグローバル化することである．大気汚染物質は，中国東部で黄砂に付着し，東シナ海，日本海の海上で変質し，光化学オキシダントを発生させ，日本に乾性・湿性酸性雨を降らせている．これらの現象も解明されつつあるが，今一歩の観は否めない．発生源である黄砂の防止対策は重要である．

口蹄疫，麦さび病，高病原性鳥インフルエンザともに伝染，蔓延状態にあるといっても過言ではない．病原菌は大気大循環によって世界中に広がる，すなわち，地球規模で回遊，拡散し，空気伝播による病気の伝染，発生，蔓延が懸念される．そのためにも，常日頃から対策を検討しておく必要がある．

なお，黄砂による人間の健康影響に関しては，呼吸器疾患，心疾患(心臓病)への悪影響，特に気管支喘息，アレルギー過敏症，花粉症との合併症の悪化，および最近では最川崎病(乳幼児急性熱的発疹性疾患)への関連性も懸念されている．今後の研究の発展を期待している．

▲ピラミッド，蟹，海星(ひとで)型の砂丘が混ざった複合砂丘(写真中央)．高さ約 50 m，直径 1 ～ 2 km のスケール

▼格子状の草方格．飛砂の防止に有効で，沙漠緑化に威力を発揮する

引用文献

1） 青木正敏：風送越境大気汚染とその生物影響,「黄砂・ダスト輸送と越境大気汚染」講要集，日本学術会議風送大気物質問題分科会，33–38，2009.

2） 明日山秀文：麦の銹病－特にその第一次発生源－，農業および園芸，21，373–376, 1946.

3） Carrillo,C., E.R.Tulman, G.Delhon, Z.Lu, A.Carreno, A.Vagnozzi, G.F.Kutish and D. L.Rock：Comparative Genomics of Foot–and–Mouth Disease Virus, *J.Virol.*, 79, 6487–6504，2005.

4） 杜明遠，真木太一：中国北西部の黄砂発生気象特性と最近の黄砂観測,「黄砂および大気汚染物質の越境輸送問題」講要集，日本学術会議風送大気物質問題分科会，36–43，2009.

5） Du,M., S.Yonemura, Z.Shen, Y.Shen, W.Wang and T.Maki：Wind erosion processes during dust storm in Dunhuang, China, Sustainable Utilization of Global Soil and Water Resources, Dynamic Monitoring, Forecasting and Evaluation of Soil Erosion Watershed Management and Development Desertification Control, 4，624–629，2002.

6） 深野弘，横山佐太正：麦類黄さび病菌の越夏越冬並びに第一伝染源の解明に関する特殊調査，病害虫発生予察特別報告，12，農林省振興局植物防疫課，407–423, 1962.

7） Griffin, D.W.：Atmospheric movement of microorganisms in clouds of desert dust and implications for human health, *Clinical Microbiology Reviews*，20，459–477，2007.

8） Griffin, D.W., V.H.Garrison, C.Kellogg, E.A.Shinn：African desert dust in the Caribbean atmosphere : Microbiology and public health，*Aerobiologia*，17，203–213, 2001.

9） Grubman, M.J. and B.Baxt：Foot–and–Mouth Disease, *Clinical Microbiology Reviews*, 17(2)，465–493，2004.

10） 橋田和実：畜産市長の「口蹄疫」130日の戦い，書肆侃侃房，pp.1–254，2010.

11） 八田珠郎：黄砂構成鉱物とその表面特性,「最近の黄砂および気象・土壌環境に関するシンポジウム」講演集，日本沙漠学会・DNA鑑定黄砂シンポジウム，3，2008.

12） 八田珠郎，越後拓也，根本清子，礒田博子，山田パリーダ，杜明遠，真木太一：黄砂粒子の最表面状態,「黄砂および大気汚染物質の越境輸送問題」講要集，日本学術会議風送大気物質問題分科会，3–4，2009.

13） 八田珠郎，根本清子，礒田博子，山田パリーダ，杜明遠，真木太一：日本に飛来した黄砂の鉱物特性，「DNA 黄砂」報告会・日本沙漠学会春季シンポジウム，11–14，2010.
14） Hua,N.P., F.Kobayashi, Y.Iwasaka, G.Y.Shi, T.Naganuma：Detailed identification of desert-originated bacteria carried by Asian dust storms to Japan, *Aerobiologia*, 23, 291–298, 2007.
15） 日吉孝子，市瀬孝道他：アレルギー学会誌，55(8・9)，1217，2006.
16） 市瀬孝道，定金香織他：加熱黄砂と非加熱黄砂のマウス肺アレルギー炎症への影響について，第 47 回大気環境学会年会講演要旨集，G1348，2006a.
17） 市瀬孝道，定金香織他：銀川市大気中から採取した自然黄砂と黄土高原黄砂のマウス肺アレルギー炎症増悪作用，第 47 回大気環境学会年会講演要旨集，G1400，2006b.
18） 礒田博子：黄砂の発生における病原菌及びアレルゲン物質の輸送に関する研究，「黄砂および大気汚染物質の越境輸送問題」講要集，日本学術会議風送大気物質問題分科会，20–23，2009.
19） 礒田博子：黄砂の発生における病原菌及びアレルゲン物質の輸送に関する研究，「DNA 黄砂」報告会・日本沙漠学会講要集，25–27，2010.
20） 礒田博子，山田パリーダ，森尾貴広：黄砂によって輸送される病原性物質－アレルゲンと口蹄疫ウイルス－，「口蹄疫発生の検証およびその行方と対策」講要集，日本学術会議風送大気物質問題分科会，1–9，2010.
21） 礒田博子，山田パリーダ，森尾貴広：黄砂によって輸送される病原性物質，学術の動向，2011(2)，60–64，2011.
22） 岩坂泰信：黄砂－その謎を追う，紀伊國屋書店，pp.228，2006.
23） 岩坂泰信：黄砂が運ぶ物，「黄砂・ダスト輸送と越境大気汚染」講要集，日本学術会議風送大気物質問題分科会，25–32，2009.
24） Iwasaka,Y., J.M.Li, Y.S.Kim, A.Matsuki, D.Trochkine, M.Yamada, D.Zhang, Z.Shen and C.S.Hong：Mass transport of background Asian dust revealed by balloon–borne measurement: dust particles transported during calm periods by westerly from Taklamakan desert, Advanced Environ. Monitoring, Springer Verlag, 121–135, 2008.
25） 岩坂泰信，西川雅高，山田丸，洪天祥：黄砂 KOSA，古今書院，pp.345，2009.
26） 甲斐憲次：現地観測から推定したタクラマカン砂漠のダスト総量について，「黄砂・ダスト輸送と越境大気汚染」講要集，日本学術会議風送大気物質問題分科会，17–24，

2009a.
27） 甲斐健次：黄砂の科学，気象クックス，成山堂出版，pp.146，2009b.
28） 環境省：黄砂問題検討会報告書，環境省ホームページ，http://www.env.go.jp/earth/dss/report/index.html，pp.108，2005.
29） 川村知裕，原宏：日本の降水化学に対する黄砂の影響，大気環境学会誌，41，335–246，2006.
30） Kawamura,K.，M.Kobayashi，N.Tsubonuma，M.Mochida，T.Watanabe and M.Lee：Organic and inorganic compositions of marine aerosols from East Asia，The Geochemical Society，9，Elsevier，243–265，2004.
31） Kellogg,C.A. and D.W.Griffin：Aerobiology and the global transport of desert dust，*Trends in Ecology & Evolution*，21（11），638–644，2006.
32） Kizu,R.，K.Ishii，J.Kobayashi，T.Hashimoto，E.Koh，M.Namiki and K.Hayakawa：Antiandrogenic effect of crude extract of C–heavy oil，*Mater. Sci. Eng.*，C12，97–102，2000.
33） 小林史尚，柿川真紀子，山田丸，陳彬，石廣玉，岩坂泰信：黄砂発生源におけるバイオエアロゾル拡散に関する研究，エアロゾル研究，22（3），218–22，2007.
34） 口蹄疫疫学調査チーム：口蹄疫の疫学調査に係わる中間取りまとめ－侵入経路と伝播経路を中心に－，農林水産省，平成22年11月24日，pp.106，2010.
35） 口蹄疫対策検証委員会：口蹄疫対策検証委員会報告書，農林水産省，平成22年11月24日，pp.46，2010.
36） 黒崎泰典：地上気象データ，衛星画像で見た黄砂，「黄砂・ダスト輸送と越境大気汚染」講要集，日本学術会議風送大気物質問題分科会，1–8，2009.
37） Kurosaki,Y. and Y.Mikami：Seasonal and regional characteristics of dust event in the Taklimakan Desert，*J. Arid Land Studies*，11（4），245–252，2002.
38） Kurosaki,Y. and Y.Mikami：Regional difference in the characteristics of dust event in East Asia: relationship among dust outbreak, surface wind, and land surface condition，*J. Met. Soc. Japan*，83A，1–18，2005.
39） Liu,Y.，L.Ren，L.Zhou，M.Zhou and Y.Gao：Numerical analyses of a dust storm and dust transportation. Chi.，*J. Atmos. Sci.*，22，905–912，1998.
40） 真木太一：風害と防風施設，文永堂出版，pp.301，1987.
41） 真木太一：大気環境学，朝倉書店，pp.140，2000.
42） 真木太一：「黄砂・風送ダスト－地球規模から微気象までの環境－」および最近の

特徴的黄砂現象について，沙漠研究，13(1)，1–6，2003.

43) 真木太一：宮崎の家畜口蹄疫の発生とその原因の究明について，畜産の研究，64(7)，709–712，2010a.

44) 真木太一：宮崎県での口蹄疫発生に及ぼす黄砂と風による蔓延への影響，畜産の研究，64(12)，1163–1170，2010b.

45) 真木太一：口蹄疫発生の検証およびその行方と対策，学術の動向，2011(2)，59–95，2011.

46) 真木太一，橋本康，奥島里美，三野徹，野口伸，青木正敏，礒田博子，大政謙次，後藤英司，鈴木義則，高辻正基，野並浩，橋口公一，早川誠而，村瀬治比古，山形俊男：渇水対策・沙漠化防止に向けた人工降雨法の推進，日本学術会議農業生産環境工学分科会，pp.28，2008.

47) 真木太一，杜明遠：中国甘粛省敦煌の黄砂特性および寧夏自治区霊武の無灌水植林効果,「黄砂および大気汚染物質の越境輸送問題」講要集，日本学術会議風送大気物質問題分科会，5–10，2009.

48) 真木太一，青木正敏，礒田博子，大政謙次，鈴木義則，早川誠而，宮﨑毅，山形俊男：報告「黄砂・越境大気汚染物質の地球規模循環の解明とその影響対策」，日本学術会議風送大気物質問題分科会，pp.30，2010a.

49) 真木太一, 八田珠郎，杜明遠，脇水健次：黄砂の長距離輸送と宮崎県内での家畜口蹄疫発生の気象的特性,「口蹄疫発生の検証およびその行方と対策」講要集，日本学術会議風送大気物質問題分科会，11–19，2010b.

50) 真木太一, 八田珠郎，杜明遠，脇水健次：宮崎県での口蹄疫発生に及ぼす黄砂および風による蔓延の影響，学術の動向，2011(2)，65–70，2011a.

51) 真木太一，鈴木義則，脇水健次，遠峰菊郎，西山浩司：人工降雨，風の事典，丸善，134–135，2011b.

52) Matsuki,A., Y.Iwasaka, D.Trochkine, D.Zhang, K.Osada and T.Sakai：Horizontal mass flux of mineral dust over east Asian in the spring: Aircraft–borne measurements over Japan，*J. Arid Land Studies*，11(4)，337–345，2002.

53) 三上正男：東アジア起源の黄砂の長距離輸送と気候インパクトについて,「黄砂および大気汚染物質の越境輸送問題」講要集，風送大気物質問題分科会風送大気物質問題分科会，30–35，2009.

54) Mikami,M., Y.Yamada, M.Ishizuka, T.Ishimaru, W.Gao and F.Zeng：Measurement of saltation process over gobi and sand dunes in the Taklimakan desert, China, with

newly developed sand particle counter, *J. Grophys. Res.*, 110, D18S02, doi:10.1029/2004JD004688, 2005.

55) Mikami,M. *et al.*：Aeolian dust experiment on climate impact: An overview of Japan–China joint project ADEC, *Global Planetary Change*, 52, 142–172, doi:10.1016/j.gloplacha.2006.03.001, 2006.

56) Miyamoto,T., T.Yanagi and R.Hamamoto：Sr and Nd isotope compositions of atmospheric mineral dust at the summit of Mt. Sefuri,north Kyushu,southwest Japan:A marker of the dust provenance and seasonal variability, *Geochimica et Cosmochimica Acta*, 74, 1471–1484, 2010.

57) 森尾貴広，施芳，山田パリーダ，真木太一，礒田博子：黄砂に付着した口蹄疫ウィルス(FMDV)検出法の開発，「口蹄疫および鳥インフルエンザ発生の状況把握とその行方」講要集，日本学術会議農業生産環境工学分科会，14–19，2011.

58) 村上洋介：口蹄疫ウイルスの清浄とその病性について，公開シンポジウム「口蹄疫発生の検証およびその行方と対策」講演要旨集，日本学術会議風送大気物質問題分科会・日本沙漠学会，29–36，2010.

59) 村上洋介：口蹄疫とは：なぜ感染が拡大するのか？，学術の動向，2011(2)，77–81，2011.

60) 名古屋大学水圏科学研究所：大気水圏の科学黄砂，pp.328，1991.

61) 成瀬敏郎：世界の黄砂・風成塵，築地書館，pp.174，2007.

62) 日本学術会議：「海洋の酸性化についての声明」に関連しての会長談話，日本学術会議 HP，p.1，2009.

63) Nishikawa,M., I.Mori, Y.Di and H.Quan：Source impacts of fall-out dust in Beijing, Proc. Internal. Aerosol Conference Taiwan, 433–434, 2002.

64) OIE：Foot and Mouth Disease, In Manual of Diagnostic Tests & Vaccines for Terrestrial Animals, 6th Ed., Chapter 2.1.5, 2008.

65) 小野嘉隆：口蹄疫（１）－鳩山民主党＆赤松農水大臣の人災？！－，畜産の研究，64(7)，779–782，2010.

66) 西郷雅典：2010 年 3 月 21 日の黄砂でみられた SPM 濃度の減衰，天気，58(1)，63–69，2011.

67) Sáiz,M., D.Morena, E.Blanco, J.Núñez, R.Fernández, J.Sánchez–vizcaíno：Detection of foot–and–mouth disease virus from culture and clinical samples by reverse transcription–PCR coupled to restriction enzyme and sequence analysis, *Vet.*

Res., 34, 105–117, 2003.

68) Sakamoto,K. and K.Yoshida：Recent outbreaks of foot and mouth disease in countries of east Asia, *Rev. Sci.Ttech. Off. Int. Epiz.*, 21, 459–463, 2002.

69) Shi,F., P.Yamada, J.Han, Y.Abe, T.Hatta, M.Du, T.Maki, K.Wakimizu, H.Yoshikoshi and H.Isoda：Detection of Foot and Mouth Disease Virus in Yellow Sands Collected in Japan by Real Time Polymerase Chain Reaction (PCR) Analysis, *J. Arid Land Studies*, 19(3), 483–490, 2009.

70) 白井淳資：近年，英国，韓国および我が国で発生した口蹄疫について－特に感染経路を中心に－，公開シンポジウム「口蹄疫発生の検証およびその行方と対策」講演要旨集，日本学術会議風送大気物質問題分科会・日本沙漠学会，37–44，2010.

71) 白井淳資：近年，英国，韓国および我が国で発生した口蹄疫について－特に感染経路を中心に－，学術の動向，2011(2)，82–90，2011.

72) 高見昭憲：東アジアにおける越境大気汚染について,「黄砂および大気汚染物質の越境輸送問題」講要集，風送大気物質問題分科会風送大気物質問題分科会，44–50，2009.

73) Tanaka,T., Y.Kurosaki, M.Chiba, T.Matsumura, T.Nagai, A.Yamazaki, A.Uchiyama, N.Tsunematsu and K.Kai：Possible transcontinental dust transport from north Africa and the middle east to east Asia, *Atmos. Environ.*, 39, 3901–3909, 2005.

74) 田中泰宙：全球モデルで見たアジアの砂漠起源のダストの役割,「黄砂・ダスト輸送と越境大気汚染」講要集，風送大気物質問題分科会風送大気物質問題分科会，9–16，2009.

75) 田中伊之助，藤井溥，吉岡恒：麦類黄さび病菌の越夏越冬並びに第一伝染源の解明に関する特殊調査，病害虫発生予察特別報告，12，農林省振興局植物防疫課，263–326，1962.

76) 津田知幸：2010年宮崎で発生した口蹄疫にいて，公開シンポジウム「口蹄疫発生の検証およびその行方と対策」講演要旨集，日本学術会議風送大気物質問題分科会・日本沙漠学会，21–28，2010.

77) 津田知幸：2010年宮崎で発生した口蹄疫にいて，学術の動向，2011(2)，71–76，2011.

78) 植松光夫：深海底に降り積もる黄砂,「黄砂・ダスト輸送と越境大気汚染」講要集，風送大気物質問題分科会風送大気物質問題分科会，39–40，2009.

79) 鵜野伊津志：黄砂地球一周約2週間で，読売新聞，7月26日，2009.

80） Uno,I., Z.Zang, M.Chiba, Y.S.Chun, S.L.Gong, Y.Hara, E.Jung, S.S.lii, M.Liu, M.Mikami, S.Music, S.Nickovic, S.Satake, Y.Shao, Z.Song, N.Sugimoto, T.Tanaka and D.L.Westphal：Dust nidelintercomparison（DMIP）study over Asia: Overview, *J. Geohys. Res.*, 111, D12213, doi:10.10.29/2005JD006575, 2006.

81） 山田正彦：実名小説 口蹄疫レクイエム 遠い夜明け，KKロングレラーズ，pp.297, 2011.

82） 山田パリーダ：日本における黄砂由来口蹄疫ウイルスのDNA鑑定に関する研究，「黄砂および大気汚染物質の越境輸送問題」講演集，日本学術会議風送大気物質問題分科会，17–19，2009.

83） 山田パリーダ，杜明遠，真木太一，礒田博子：日本における黄砂付着アレルゲン物質の検索に関する研究，「DNA黄砂」報告会・日本沙漠学会講要集，19–24，2010.

84） 山内一也：どうする・どうなる口蹄疫，岩波科学ライブラリー，175，岩波書店，pp.115，2011.

85） 山崎修一，吉松英明，武政彰，玉嶋勝範：2007年に大分県で多発したコムギ黄さび病，九州病害虫研究会報，54，7–12，2008.

86） 吉永秀一郎：日本周辺における第四紀後期の広域風成塵の堆積速度，第四紀研究，37，205–210，12998.

87） Zhang,D., Y.Iwasaka：Size change of Asian dust particles caused by sea salt interaction: Measurements in southwestern Japan, *Geophys. Res. Lett.*, 31, L15102, 10.1029/2004GL020087, 2004.

88） Zhang,D., Y.Iwasaka, G.Shi, J.Zang, A.Matsuki and D.Trochkine：Mixture state and size of Asian dust particles collected at southwestern Japan in spring 2000, *J. Geophys. Res.*, 108, 4760, 10.1029/2003JD003869, 2003.

89） Zhuang,G., Z.Yi, R.A.Duce, P.R.Brown：Link between iron and sulfur cycles suggested by detection of Fe（Ⅱ）in remote marine aerosol, *Nature*, 355（6360）, 537–539, 1992.

あとがき

本書中で，黄砂による口蹄疫の伝播を防止するには，黄砂飛来時に，家畜を屋内に入れる，雨水を飲ませない，防風林・防風垣・防風ネットで囲まれた地域に移動させる，マスクをつけさせる，石灰・酢・木酢酸等の薬剤散布で対応する，空気清浄器を導入するなど，常に家畜の健全な飼育ために重要であると述べた．中国では，黄砂発生源の制御のため植林，緑化を行っているが，過開発，過放牧等のため防止が不十分で，沙漠化の方が進行している．中国の沙漠化地域における防風・緑化用の草方格の設定による緑地回復が重要である．植樹，植生回復による黄砂防止を期待したい．

口蹄疫関連の研究費ついては，2010 年の口蹄疫が発生していた最中には最重要課題として重点的研究が必要であったが，その後の研究費は疫学関係に偏り，公募等と形は整えているが，範囲の狭い限定，紐付き予算で，かつ計画された予算の合計が文科省，農水省，環境省合わせて 0.5 億円と，非常に少額であった．経済的な被害額が 10 年 5,000 億円の 0.01％で，それに比べ予算はきわめて少なすぎるように筆者は感じる．しかも，研究目的が限定されており，例えば，簡易口蹄疫ウイルスの簡易検定キット等の疫学関係の開発である．もっと広い基礎的研究が将来のためには不可欠であると思われる．そして，ウイルス特化の研究だけでなく，気象，土壌等の環境関連の研究も期待しているが，そうはなっていない．科学技術立国と称する標語が一部に偏っていると思わざるを得ない．特に，東日本大震災を受け，今後の研究への対応を懸念し，予算配分方法の在り方の問題を痛感する．

今後，予算が増えることを期待しているが，不幸にして発生した東日本大震災を最たる理由として一般の科学研究費までも削減しようとしていたが，結局は何とか当初予算どおり配分されたことは喜ばしい．日本は資源が乏しい．それを補ううえで，今まで唱えてきた科学技術立国を標榜するのであれば，研究費の大幅削減等はあってはならないことである．

さらには，特別な国の機関としての日本学術会議には，科学技術担当大臣がこと繁く（首相，大臣が頻繁に変わるため）挨拶に来られるが，実現性の薄い決まり文句の羅列ばかりで，進展は期待できない．日本学術会議自体の運営までが危ぶまれる状況を如何に解決するのか，先が見えない状況であり，嘆かわしい限りである．

また，本文でも述べたとおり，国，県等やマスコミは，口蹄疫が人には感染しないとして対応してきたが，科学的には確率は低いが人にも感染する．ただ，たとえ人に感染しても症状は軽く，気づかないうちに治癒することが多く，人には恐ろしい病気ではない．しかし，少なくとも正確な情報は国民にも知らせるべきである．つまり，人獣（人畜）共通感染症は，鳥インフルエンザ，BSE（狂牛病）等，相当数に及び，国際的にも国内的にも問題がある．任に当たる政府関係者は，予期せぬ情報を与えると国民がパニックを起こしかねないとの理由，屁理屈で情報をコントロールしたがるが，かえって国民の不信感や不安を煽り，ひいてはいらぬ風評を引き起こす結果になりかねない．口蹄疫についても正確な情報を整理して国民に知らせる必要がある．

特に，福島原発事故，それに伴う放射能情報(緊急時迅速放射能影響予測ネットワークシステムSPEEDI，メルトダウン問題等)の例のように，最近の政府等の公的機関の基本的情報伝達方法には歪みがあるように推測される．心しておくべきであろう．そうでなければ，原子力村から，ひいては「ウイルス村」にもなりかねない．

最後に，科学技術研究・基盤A(2007年4月～2011年3月)「DNA鑑定による黄砂の付着病原菌の同定」を研究代表として4年間実施してきた(本書はその一部の成果)が，2011年3月で終了した．残念ながら，継続課題として通らなかったためである．研究は続けているが，今後の研究は難しくなっている．研究以外のこと，例えば，出版等の手段で社会に貢献しようと思う．本来の口蹄疫研究ができないことの代わりと記すと不謹慎であるが，科学技術研究・基盤A(2011年4月～2014年3月)「最適人工降雨法の開発と適用環境拡大に関する研究」の研究代表として通っている．口蹄疫の研究も継続しつつ，新しい液体炭酸法による人工降雨により水を量的に確保し，沙漠化防止，緑化として少しでも黄砂防止，口蹄疫侵入防止に貢献できるかと期待している．

2011年12月11日　　地震災害修理中の筑波大学研究事務室にて

真木　太一

索　引

【著者紹介】

真木太一（まき　たいち）

1944年　愛媛県西条市生まれ
1968年　九州大学大学院修士課程修了
1968年　農林省農業技術研究所
1976年　農学博士(東京大学)
1984年　日本農業気象学会賞
1995年　農林水産省農業環境技術研究所気象管理科長
1999年　愛媛大学教授
2001年　九州大学教授
　　　　日本沙漠学会論文賞
2003年　日本農学賞，読売農学賞
2005年　紫綬褒章
2007年　琉球大学教授
2007年　九州大学名誉教授
2009年　筑波大学客員教授，現在に至る

日本農業気象学会会長，日本農業工学会会長，日本沙漠学会会長，内閣府日本学術会議会員(農学委員長)等を歴任.
現在，日本学術会議連携会員

著　書　風害と防風施設(編著)　文永堂出版，1987年
　　　　農業気象災害と対策(共著)　養賢堂，1991年
　　　　農業気象学用語解説集(編集代表)　日本農業気象学会，1997年
　　　　緑の沙漠を夢見て(編著)　メディアファクトリー，1998年
　　　　大気環境学(編著)　朝倉書店，2000年
　　　　風で読む地球環境(編著)　古今書院，2007年
　　　　風の事典(編集委員長)　丸善，2011年
　　　　ほか

黄砂と口蹄疫
—大気汚染物質と病原微生物　　　定価はカバーに表示してあります.

2012年　3月15日　1版1刷　発行　　　ISBN978-4-7655-3454-3 C3044

著　者　真　木　太　一
発行者　長　滋　彦
発行所　技報堂出版株式会社
〒101-0051
東京都千代田区神田神保町1-2-5
電　話　営業　(03) (5217) 0885
　　　　編集　(03) (5217) 0881
F A X　　　　(03) (5217) 0886
振替口座　　00140-4-10
http:// gihodobooks.jp/

日本書籍出版協会会員
自然科学書協会会員
工学書協会会員
土木・建築書協会会員

Printed in Japan

装幀　浜田晃一／印刷・製本　昭和情報プロセス